U0163030

国家科学技术学术著作出版基金资助出版

等离子体电化学

原理与应用

蒋百灵 蒋永锋 著

南京大学出版社

图书在版编目(CIP)数据

等离子体电化学原理与应用/蒋百灵,蒋永锋著.
—南京:南京大学出版社,2021.6
ISBN 978-7-305-23720-1

Ⅰ.①等… Ⅱ.①蒋… ②蒋… Ⅲ.①等离子体一电
化学一研究 Ⅳ.①O646

中国版本图书馆 CIP 数据核字(2020)第 155162 号

出版发行 南京大学出版社
社　　址　南京市汉口路 22 号
出 版 人　金鑫荣

书　　名　等离子体电化学原理与应用
著　　者　蒋百灵　蒋永锋
责任编辑　甄海龙

照　　排　南京开卷文化传媒有限公司
印　　刷　徐州绪权印刷有限公司
开　　本　787 mm×960 mm　1/16　印张 13.75　字数 235 千
版　　次　2021 年 6 月第 1 版　2021 年 6 月第 1 次印刷
ISBN 978-7-305-23720-1
定　　价　78.00 元

网　　址:http://www.njupco.com
官方微博:http://weibo.com/njupco
官方微信号:njupress
销售咨询热线:025-83594756

前　言

  等离子体电化学是一个依据气体击穿与离化的等离子体物理学理论研究电化学体系中电极表面反应过程的交叉性学科领域,其学术与工程目标是探究由外电路调控的阴阳极间场特性对电极表面气隙膜形成、离化和气液固复相界面电子传递的影响规律;揭示在有气体的离化热和空化力参与下液固界面气隙膜离化所产生的负电性氧离子,或与阀金属阳极反应生长成氧化物陶瓷层,或对不限于阀金属阳极的表面进行氧化、疏化、空化剥离的作用机理与边界条件。等离子体电化学不仅把等离子体物理学的研究对象从纯气体状态扩展到气液固复相环境,同时把电化学的阴阳极间电场强度提升到可使电极表面气隙膜击穿放电的非稳态状态,使电极表面氧化还原反应由电化学系统的电解质属性主导转变为增添了离化热、空化力及气隙膜离化产物等热力耦合效应共同调控的多因素作用过程。据此,产生了一些新的电极表面涂层制备或剥离去除的学术观点和应用技术。

  早期属于等离子体电化学范畴的阳极表面涂层制备新技术开发始于欧洲学者对高电压阳极氧化的伏安特性的研究,此后苏联巴顿研究所系统地研究了包含阳极和阴极在内的电极表面等离子体形成条件与应用技术。20世纪末北京师范大学开展了阳极表面等离子体增强氧化过程的理论研究,西安理工大学等多家高校院所也相继开展微弧氧化系列设备的研制和应用技术开发。由于有了可准确调控阴阳极间电场特性、能够实现不限于负电位金属表面气隙膜非稳态击穿放电的稳态控制的等离子体电化学电控系统,等离子体电化学的理论研究与应用技术开发就由早期的铝、镁、钛等阀金属阳极表面微弧氧化扩展至包含非阀金属在内的金属表面合金化和表面纳米化技术。在几十年的研究过程中,因各研究者的专业领域和科研角度不同,其名称虽历经等离子体氧化、火花放电阳极氧化、微弧氧化、液相等离子体氧化等诸多术语,但对于以铝、镁、钛等阀金属为阳极的等离子体电化学处理已趋同于使用微弧氧化处理这一工程化术语，其他尚处于现象研究阶段的非阀金属等离子体电化学处理，仍因研究者习惯不同而采用等离子体电化学合金化处理或等离子体电化学表面纳米化表述。各国学者经过近半个世纪的研究，对等离子体电化学的理论认识日渐清晰，它在某些方面的应用技术日趋成熟，特别是诸如铝、镁合金面的微弧氧化处理已列入多种产品的处理规范或标准，但到目前，尚没有系统介绍等离子体电化学基本原理和应用技术的专著供大家参考。我们以该领域众多学者几十年研究成果为基础，归纳整理后写成此书，以期能有助于本领域学者和工程技术人员进行理论研究和应用技术开发。鉴于著者水平有限，书中难免会有疏漏等不足，敬请读者批评指正。

本书创作过程中得到杨巍博士、米天健博士、李洪涛博士、孙楠博士、葛延峰等人的大力协助，在此表示感谢。同时感谢在写作过程中给予大力支持和帮助的其他有关人员。

蒋百灵　蒋永锋

2021 年 1 月

目　录

第一章　等离子体电化学基础

　　经过几十年的发展,等离子体电化学理论研究和应用技术开发不断拓展。早期归属于等离子体电化学范畴的阳极表面涂层制备新技术开发始于欧洲学者对高电压阳极氧化的伏安特性的研究;此后苏联巴顿研究所系统地研究了包含阳极和阴极在内的电极表面等离子体形成条件与应用技术。20世纪末北京师范大学开展了阳极表面等离子体增强氧化过程的理论研究,西安理工大学等多家高校院所也相继开展微弧氧化系列设备的研制和应用技术开发。由于有了可准确调控阴阳极间电场特性、能够实现不限于负电位金属表面气隙膜非稳态击穿放电的稳态控制的等离子体电化学电控系统,等离子体电化学的理论研究与应用技术开发就由早期的铝、镁、钛等阀金属阳极表面微弧氧化拓展至包含非阀金属在内的金属表面合金化和表面纳米化技术。在几十年的研究过程中,因各研究者专业领域和科研角度不同,其名称虽历经等离子体氧化、火花放电阳极氧化、微弧氧化、液相等离子体氧化等诸多术语,但对于以铝、镁、钛等以阀金属为阳极的等离子体电化学处理已趋同于使用微弧氧化处理这一工程化术语,其他尚处于现象研究阶段的非阀金属等离子体电化学处理,仍因研究者习惯不同而采用等离子体电化学合金化处理或等离子体电化学表面纳米化表述。各国学者经过近半个世纪的研究,对等离子体电化学的理论认识日渐清晰,它在某些方面的应用技术日趋成熟,特别是诸如铝、镁合金面的微弧氧化处理已列入多种产品的处理规范或标准,本文主要系统介绍金属表面微弧氧化技术的理论和研究应用。

　　等离子体电化学系统中,施加脉冲电压到一定值,溶液中电子传输在液固界面因接触电阻而产生的焦耳热加热界面附近的溶液。液固界面导热系数差异大而散热不及时引起溶液汽化,结果在电极表面产生气隙膜而包裹其表面。进一步提高脉冲电压,气隙膜击穿产生等离子体,以近乎云团状辉光分布于电极表面。调控纳秒脉冲电源电压幅值、频率、上升沿和占空比达到一定值,气固界面沿面均匀分布的云团状辉光聚缩为非连续离散分布的微弧团簇。随粗糙度微观表面凹凸的演变,形成自反馈和自组织迁移,随机离散分布沿面,呈现出微弧团簇运动的现象,这种微弧团簇小至纳米尺度的小电弧集群称为微弧。通过调整两个脉冲间隔,实现电极表面离散微弧诱发自组织反应非连续的纳米尺度重构和原子剥离,为制备三维尺度纳米颗粒薄膜提供了气固凝聚离子沉降创造加工条件,为开发持续调控场发射电子、等离子体超声波空化剥离理论和关键技术以及微弧氧化在金属与半导体材料表面改性和微细加工领域的应用提供支撑。

1.1　等离子体物理学基础概述

1.1.1　气体放电的一般原理

在一般情况下,气体由中性分子或原子组成,不存在带电粒子。因此不导电的中性分子或原子可以自由移动,不受电场作用,不能产生定向移动。在电场作用下,气体中的分子或原子发生极化,分子或原子间形成电场。随着电场的持续增大,分子和原子的极性越强,形成带电的粒子。带电粒子的正负电荷属性不同,就能定向运动,使得阴阳极间形成电流而导电。金属导电与气体导电不同,金属导电是金属内电子在电场作用下移动的结果,服从欧姆定律。气体导电是气体中带电的正离子和电子导电,所以气体导电的电压和电流间伏安特性更为复杂,图 1-1 为其伏安特性曲线。气体放电伏安特性区间可分为两个区域,即非自持放电区和自持放电区。在非自持放电伏安特性区气体本身不能导电,只有施以外加措施如加热、外加电场等才能产生带电粒子的导电;去除外加措施,放电停止。在自持放电伏安特性区气体放电后,其带电粒子导电本身就可维持导电过程,去除外加放电措施,放电过程持续进行,直至外加电场中断。自持放电伏安特性区随着电流持续增加,分暗放电、电晕放电、辉光放电和电弧放电。*AB* 和 *BC* 区间为暗放电区,其电流很小。*CD* 区为电晕放电区,电流突然增大,而电压迅速降低。*DE* 和 *EF* 及 *FG* 前段为辉光放电区,通过改变电阻增大电流,电压几乎维持不变。*G* 点左右的 *FG* 后

段和 GH 前段因以前电压和电流精准控制难以实现,为尚未开发的区段,该区域产生微弧团簇。其微弧团簇为许多明亮的小点,不连续且随机运动,尺寸和形状多样易变,实际是高温、高压、体积小、紧挨的随机运动的高密度等离子体。H 点左右弧光放电区,电流大小由外电阻决定,电流越大,电压越小。该区电流最大,电压最低,温度最高,发光最强。

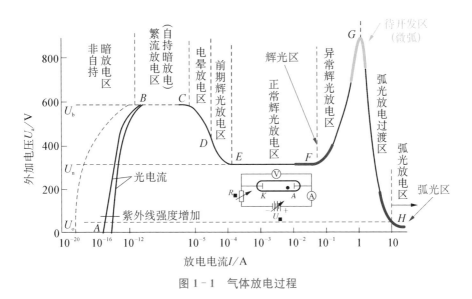

图 1-1 气体放电过程

气体中的极化的分子或原子在电场作用下,分别向阴阳极移动。移动过程中发生分子或原子的相互碰撞。相互碰撞过程中产生大量的离子、电子和中性粒子。运动的大量离子、电子和中性粒子不断发生各种碰撞。所以气体放电是一个复杂的粒子运动和碰撞过程。粒子碰撞是无规则的,用碰撞频率和平均自由程统计规律描述其特征。气体粒子非弹性碰撞把碰撞粒子的动能转换成被碰撞粒子的内能,其大于或等于被碰撞粒子的激发、离解或电离能,产生激发、离解或电离,用林纳德-琼斯势能曲线可解释。在热平衡状态粒子无规则运动的能量服从麦克斯韦分布。这种自由运动并相互作用的正离子和电子组成的混合物,称为等离子体,在宏观上对外显中性。等离子体电中性有其特定的空间和时间尺度。德拜长度是等离子体保持电中性的空间尺寸下限。电子走完一个德拜长度所需的时间,是等离子体存在的时间下限。所以气体放电成为等离子体必须满足三个条件:等离子体的空间尺度、等离子体参数远远大于定值和等离子体时间尺度。等离子体具有变成电中性的强烈倾向,离子和电子的密度几乎相等,这是其相反电荷粒子相互作用的结果。任何实际的等离子体的体积包含几乎恰恰相同的正负电荷量,所以等离子体是电中性的。等离子体的热效应是内部的微观粒子自由扩散。等离子体的扩散包括带电粒子的双极扩散和中性粒子的扩散,其中双极扩散占主导地位。正负带电粒子双极扩散是等离子体特有的一种运动方式,在接触固体界面附近时发生,支配着等离子体带电粒子的消失过程。在电场产生的库仑力和电子惯性的共同作用下,空间电荷会做简谐运动,产生和传播等离子体波动。其激发、传播和衰减由其本身的性质和所处的物理条件决定。等离子体振荡是等离子体粒子相互作用形成的有组织的运动,其频率是电子响应振荡的最高状态,其密度分布的起伏幅度为德拜长度。等离子体中存在温度场、静电力和磁力,其产生声波、各种模式的静电波、电磁波及混杂波。在固体表面附近,等离子体内的电子附着在固体表面形成负电位,使得固体表面附近的等离子体内的正离子的空间密度增大,由此形成的空间为等离子体气隙膜,其厚度为德拜长度的数倍。等离子体中带电粒子运动状态发生变化而发出电磁波,产生辐射,相应产生新活性物种和能量转移。

1.1.2　气体放电的必要条件

气体放电须具备两个条件:带电粒子和一定强度的电场。带电粒子是从气体中电离和外加电场电极发射电子产生。气体电离主要是热电离、场致电离和光电离。热电离是气体粒子受热高速运动而激烈碰撞产生的。其电离程度随温度升高而增大,随气体压力减小而增大。气体带电粒子在电场中被加速,其电能转换为带电粒子的动能,与中性粒子发生非弹性碰撞,称为场致电离。在同一电场中,电子可以获得的动能是离子动能的几倍,最容易引起中性粒子的电离,而且这种电离具有连锁反应的性质。中性粒子受到光辐射而产生的电离称为光电离。然而光辐射不一定都引发光电离。电极内部电子接收外加能量冲破表面束缚而飞到空间的现象称为光电子发射。阴极发射的电子在电场作用下才能导电。而电子飞出电极表面,其必须达到逸出功。电子发射主要有热电子发射、场致电子发射、光电子发射。

气体放电分为自然条件下的放电和真空条件下的放电。自然条件下的放电以云团与云团之间和云团与地之间的闪电放电为常见。闪电往往是云团电荷积聚到一定程度时,不同电荷的云团之间或云团与大地之间的电场强度就可击穿空气(一般为25~30 kV/cm)开始游离放电。云团对大地的先导放电是以云团向地面跳跃(梯级)式逐渐发展的,当它到达地面时,便会产生由地面向云团的逆主放电。在主放电阶段里,由于相反电荷剧烈中和,会出现很大的电流(一般为几十千安至几百千安),随之发生强烈放电闪光;强大的电流把闪电通道内的空气急剧加热到一万摄氏度以上,使空气骤然膨胀而发出巨大响声,产生超声负压效应。真空中的气体分子在高压电场作用下电离,气体分子电离产生新电子、离子。而正离子在电场加速下轰击阴极,造成二次电子发射并维持放电的过程,于是气体具备了导电的性能。随着放电电流的增大,放电逐渐增强,电压升至击穿电压,真空器中充满明亮的发光等离子体,从非自持放电汤森放电过渡到自持放电辉光放电和弧光放电。由帕刑定律计算得出气体击穿电压(放电)的大小。其与气体压强、气体种类、温度、电极间距、阴极材料和表面状态有关。对一定的阴极材料,击穿电压存在一个最小值,也就是气压与极间距的乘积存在最小值。它决定了气体放电分子的自由程、碰撞概率和二次放电,以维持自持放电。然而汤森理论认为放电电流将为无穷大,它不能解释击穿放电后电流突然增大而电压突然下降的现象。罗果夫斯基提出在气体击穿过程中应考虑空间电荷对放电的影响,充实和完善了汤森理论,其考虑了空间电荷引起电场的畸变。电子碰撞中性粒子电离时,正离子和电子在放电空间成对产生。但电子质量小,电场作用下迁移率大,速度大;正离子质量大,同样电场下迁移率小,速度小。所以正离子比电子的空间电荷效应强,表现出正空间电荷效应。忽略空间电荷效应,极间电场分布呈线性变化。在放电过程中,有正电荷空间效应时,极间均匀电场发生畸变。由于空间电荷为正,根据泊松方程,电场分布由直线变为向上凸的曲线。在空间电荷影响下,放电管电极间的电压降大部分集中在阴极附近,阴极表面的电场大大增强。随着放电电流的迅速增长,限流电阻上的电压增加,放电管上的电压降则减小。当放电管电极间所加电压较小、空间电场较弱时,相应的电子增长率小。放电不能持续,不能形成稳定的自持放电。当放电管电极上所加电压达到击穿电压时,由于正电荷效应,出现等效阳极,空间有效极间距离减小,放电趋向空间电荷和电流继续增长的方向。经过一定时间,达到稳定状态。若因任何偶然因素使电场再增强,使放电减弱,有效极间距离远小于平板电极间距,极间电压降绝大部分集中在阴极附近,阴极附近空间电场大大增加。这说明空间电荷的积累对放电的发展影响有限,解决了汤森理论的困境。在帕刑放电定律的基础上,霍姆提出了气体放电的相似定律。

1.2 气体放电的经典分类

1.2.1 汤森(J. S. Townsend)放电

气体放电从非自持放电过渡到自持放电,相应经过汤森放电阶段。根据气体放电的伏安特性曲线,随着电流密度的增加,气体放电分为非自持放电和自持放电。非自持放电是指存在外加电源维持放电的现象。当在两电极间施加一定电压,放电管内带电粒子在电场作用下产生电流,产生放电。若撤去外电源,放电不能维持而熄灭。自持放电是指去掉外加电源时放电仍能维持的现象。放电管量间电压增大到一定值,若移去外加电源,此时放电电流仍足够大,电流大小与外加电源存在与否没有关系。气体放电从非自持放电过渡到自持放电称为气体击穿。其最早由汤森研究并建立理论,所以称为汤森放电。

汤森放电中电极间电压很低时,气体中产生的电子很少,流过的电流也很小。这是由于任何时刻、任何地点的任何气体具有一定量的电子和离子,其在电场作用下定向运动的结果。在没有外加电场时,这些带电粒子做杂乱无章的运动。当放电管间施加一定的电压,电子和离子定向运动,电流从零开始逐渐增加,而后趋于饱和,即最大值。因剩余电离中带电粒子的密度很低,所以电流很小。随着气体放电施加电压继续增大,阴极发射的电子获得足够的能量,与气体分子碰撞并电离导致带电粒子量增加,作为电子集合体的电流也随之上升。微弧放电区域产生较高能量的电子,其与气体分子碰撞产生正离子,放电电流进一步增大。因为这时阴极发射原始电子是光电效应的结果,如果光电效应消失,放电电流终止,所以属于非自持放电。而当作用在电极间的电压超过某临界值,微弧放电电流会迅速上升。这时即使移去外界电源,放电依旧维持,就开始出现自持放电。这时气体击穿,其临界电压值称为气体击穿电压。放电通道和外电路条件决定随后电流和电压增加自持放电的性质,其包括辉光放电、弧光放电、火花放电等。

气体放电击穿后的放电形式和电极形状、极间距离、气压及外电路有关。平板形电极间气体击穿产生火花放电或弧光放电,曲率很小电场不均匀气体击穿产生电晕放电或丝状放电。气体击穿产生的电子引起放电空间的电子雪崩。

1.2.2 辉光放电

辉光放电是汤森放电的进一步发展。辉光放电可以分为亚辉光放电、正常辉光放电和异常辉光放电。实际应用较多是正常辉光放电,其放电电流大小为毫安数量级,靠正离子轰击阴极产生的二次电子发射维持自持放电。辉光放电具有较大的放电电流密度,空间电荷起着显著的效应。等离子体电化学放电位于异常辉光放电高位,不同于正常辉光放电,其表现为大电流、高电压的特征。

正常辉光放电明显分成几部分,辉光逐渐扩展到两极之间整个放电空间,发光也越来越明亮,有很强的电场强度的阴极电势降低区,阴极电压降主要是扩散性电子的负辉区、电场强度为常数的正柱区、阳极附近发光的阳极辉光区。正常辉光放电从阴极开始经过阿斯登暗区、阴极辉光区、克罗克斯暗区、负辉区、法拉第暗区、正柱区(等离子体区)、阳极辉光区。正常辉光放电与异常辉光放电的区别在于阴极电压降的大小。正常辉光放电电流与面积成正比,其电压降与放电电流和气体气压没有关系。异常辉光放电在电流超过一定值后电流覆盖阴极表面,电流密度和电压降都增加。电压降是辉光放电的一个重要参数。所以微弧放电过程中精准调控电压是该技术发展的关键环节。辉光放电的等离子区一端是法拉第暗区,另一端是阳极区。它起着传导电流的作用,宏观空间电荷密度为零,各处正离子密度和电子密度近似相等。气体放电高速电子碰撞气体分子产生带电粒子。电子温度要保证足够数量的电子,弥补双极扩散引起的粒子的消耗。

等离子体空间带电粒子密度的径向分布为零级贝塞尔函数,类似于抛物线。等离子体区的电场强度补充气体放电过程中的能量损失。辉光放电的等离子体区,离子和电子做径向双扩散运动。平衡条件下圆柱截面任何一点的电子密度和离子密度相等,并且在任何其他位置的扩散速度相等,这样它们的浓度梯度也相等。辉光放电既可提供活性物种或作为化学反应介质,同时又能使体系保持非平衡状态。它由不同温度表征的带电粒子群组成,电位分布和密度分布也不同,可应用于许多领域。

1.2.3 弧光放电

弧光放电是一种自持放电,其维持较低的电压。弧光放电的压降与辉光放电完全不同。弧光放电的电流密度很大,其阴极发射电子的机理决定其阴极压降小,电流密度大。等离子体电化学放电调控伏安特性位于强辉弱弧区间,具有辉光放电沿面分布特点和弧光放电大电流密度的特点。弧光放电具有负的伏安特性。

在阴极附近,阴极压降区域很小,这里聚集着大量的正电荷,电流密度很大,常出现阴极弧斑。这对阴极发射电子和维持放电很重要。阳极附近区域是阳极压降,存在负空间电荷,没有阳极发射。阳极压降和电流密度小于阴极压降和电流密度。从放电的伏安特性可以看出,辉光放电具有高电压、低电流密度特征,而弧光放电具有低电压、高电流密度的特征。两种不同放电区间的过渡需要阴极发射电子出现根本性的变化。弧光放电的阴极发射机理与辉光放电正离子轰击阴极表面发射电子的机理不同。在一定气压下,增加放电电流可以从辉光放电过渡到弧光放电。这就从有伏安特性的反常辉光放电区过渡到弧光放电区。

在反常辉光放电区,电流密度增加导致阴极压降增加,产生的正离子增加,其撞击阴极表面的概率增加,提高了阴极表面的温度,从而使阴极表面发射大量的电子。电子轰击气体分子产生的正离子数目大量增加,其进一步轰击阴极表面,促使阴极表面加热。最后用较低的电压可以维持大的电流密度,可以建立压降小的伏安特性曲线。在特性曲线的工作点上,工作电压取决于工作电源及其阻抗,电源提供足够高开路电压和低输出阻抗,超过反常辉光放电的峰值电压,实现放电的过渡。所以等离子体电化学放电选择这一区段的伏安特性,有助于加大电流密度,提高阴极表面的温度,有利于阴极表面材料的非熔升华,实现材料的转移。而同时通过高脉冲频率,高脉冲幅度陡上升沿,降低弧光放电的频率,防止弧光放电的烧蚀,达到了强辉光聚缩弧光弥散弱化的目的,实现了辉光和弧光的优势互补。弧光放电中热离子对阴极发射电子起着重要作用。阴极的电流密度与弧光电流无关。弧光放电的阴极压降很小,远小于辉光放电的阴极压降。弧光放电阴极反射的效果很大。电子速度在阴极压降区很大,正离子聚集形成正空降电荷。正离子加速碰撞阴极,提高阴极温度。高温阴极在正离子作用下发射大量的电子,维持弧光放电。正离子流产生热量形成高温而发射大量电子,其可以从 Child-Langmuir 空间电荷方程估计出来。低气压下气体放电中因电场作用,电子温度要比离子温度和中性粒子的温度大得多。高气压下电子、离子和中性粒子的温差变小,气体温度更高,等离子体达到热平衡。

1.2.4　火花放电

火花放电是一种断续的放电现象。等离子体电化学放电的初始阶段似乎也是这种现象。随着对等离子体电化学放电机理的研究进一步深入,发现等离子体电化学放电并不属于火花放电。火花放电有明亮曲折的分支细束,在放电间隙更替穿过和熄灭。其等离子体是不均匀的。而等离子体电化学放电形成的纳米聚束也具有这种特点。火花放电的电压很高,起弧电压也高。火花通道短时间内通过大电流,击穿后电阻很小,火花中断。电压重新升高,形成新的火花通道,发生新的火花击穿。火花通道的温度很高,气体产生热电离,火花通道的压强和升高。高压力移动与火花放电同时出现,并有发声,产生剧烈的冲击和爆炸。电极电压超过某一值,电子雪崩过渡到流光,发生火花放电。电子雪崩产生的空间电荷电场导致额外的气体电离,其不均匀电场的电离通道呈分支丝状,成为丝状流光放电。等离子体电化学也具有这种现象。通过建立流光形成的数学模型,分析电子雪崩过渡到流光放电的物理过程。

放电间隙施加上足够高的电压,其中一个电子离开阴极。这一电子在电场中运动一定距离后,它会电离出新电子,以指数形式增长。这些电子累积就产生单个电子雪崩。而正离子相对电子固定不动,这样电极间形成电子云,其后分布不均匀的正离子空间电荷。电子穿过间隙后雪崩,电子进入阳极,正离子留在空间。雪崩气体中发射光电子,又引起次雪崩。在前述正离子空间电荷电场作用下向主雪崩头部聚集并进入通道,其后产生的正离子有效地拉长和增强了阴极方向的空间电荷,这一过程形成了自身传播的流光。放电电极间的电压超过间隙的击穿电压，传播的流光组成导电丝带通道，电子雪崩可以到达阳极，空间电荷场电压等于外加电压。电子雪崩电荷集中在球体表面，流光放电才能发生。在临界条件下，开始电子雪崩，就是火花击穿的判据。

1.2.5　电晕放电

电晕放电也称为单极放电，其发生在击穿电压之前，是出现在电极尖端、边缘、周围或丝状附近高电压区的汤森暗放电或昏暗辉光放电现象。在电极表面曲率半径极小时，其附近场强特别高，发生电晕放电。电晕放电的压降比辉光放电的压降大很多，但在电极电场分布不均匀情况下放电电流较小。电晕放电的电极的几何构型起着重要作用。气体压强高，电场分布很不均匀，并有几千伏以上的电压加在电极上，细的尖端与平面、点对点、金属丝与同轴圆筒、两条平行电导线之间及同轴电缆内部都会形成不均匀电场，在这些电极之间都有可能形成电晕。电场的不均匀性导致电离过程发生在局部场强很高的电极附近。电晕放电是一种自持放电，在具有强电场的电极表面附近有强烈的激发和电离，并伴有明显的亮光。气体放电在曲率半径很小的电极附近薄层的电晕区，电流的传导通过正离子和电子的迁移运动实现。电晕放电的迁移只有一种电荷粒子单向性迁移。电晕放电的电流强度取决于电极电压、形状、间距和气体的性质。放电区域的传导决定电晕放电的压降。电压超过一定的电压值后发生电晕放电，该值为起晕电压或电晕放电的阈值。电晕放电根据曲率半径较小的电极极性正负分为正电晕放电和负电晕放电。一般用汤森放电理论说明负电晕的形成机理，在针状阴极电晕发光区内存在较强的电离和激发，电流密度大，而负电晕外围只存在单一的带负电的粒子。正电晕通常用流柱理论解释其物理过程，主要由于电晕层内强电场中激发粒子的光辐射产生电子即光致电离，在电晕层产生的电子引起雪崩放电，产生大量激发和电离，最后电子在阳极被收集，正离子经过电晕层，进入电晕外围向阴极迁移。起晕电压随电极性的变化，电子雪崩起始情况有差异。电晕放电因在电极曲率半径最小的位置电场强度值最大而发生。即两电极的曲率半径不同的电场强度比值足够大，电晕放电才能发生。这取决于电极的几何结构。

正电晕放电是发生在阳极的局部放电。在阳极曲率半径很小,阴极为平面的情况下,正脉冲电压施加到阳极,电离具有丝状分支的流光性质。在非均匀电场中存在径向电场,流光沿径向发展使分支的数目增加。负脉冲电压施加在阴极,其具有羽毛状放电痕迹。

1.2.6　脉冲放电

直流气体放电不足在于不能用于非导电的基体或薄膜,脉冲放电则弥补了这个不足。脉冲放电与直流放电的放电机制不同,因而产生了许多新的现象和特征。脉冲电源对电极间气体施加脉冲电压,汤森放电、辉光放电、弧光放电、电晕放电或火花放电等气体放电具有以脉冲电流的形式释放电子的特点。脉冲放电的击穿电压与电压幅值、占空比、上升沿以及频率有关。因电压电极间低频率有充分时间进行与直流放电相同的放电形式,所以不常用。而当频率升高至兆赫兹以上,电极间的电荷来不及随电场方向改变而重布,也没有发光与光强的交替,而是稳定在一种电极间对称不变的放电形式。高频率脉冲电子受场强作用在空间谐振迁移,与原子碰撞的概率增大,电离能力远高于二次电子发射的直流放电。高频率放电采用电容或电感耦合,可以为任何材料的处理。高频放电具有无电极电离可获得纯净的等离子体、改进电离机制提高电离效率及电极表面覆盖绝缘物处理等优点,且与电极表面的共振和冲浪效应激发的能量更大,非连续离散聚缩涡流的焦耳效应加热气体,以至于产生了极高能量的等离子体,活性强,激发的亚稳态原子多,化学反应容易进行。所以在平均功率相同的条件下,脉冲放电的平均带电粒子密度更高,并且对固体表面的损伤更小。脉冲放电分为电正性放电和电负性气体脉冲放电。在研究脉冲电正性放电时,假定等离子体参数在圆柱形长筒空间分布均匀,在圆柱两端处等离子体密度主体区电子浓度迅速下降到边界鞘层值,而在侧壁处等离子体密度主体区电子浓度迅速下降到侧壁鞘层的电子浓度。因为其电子温度更低,所以绝大多数材料处理使用电负性等离子体脉冲放电。

通过这一完整的放电模型,可以得出各等离子体参数在一个周期内的变化关系。其调制周期小于一定值时,电子温度随调制功率有微弱的变化,而等离子体的密度几乎不变。电子温度和电子密度与连续放电情况非常接近。在调制周期大于一定值时,电子温度和电子密度随调制功率的变化而改变。对于所有的情况,电子温度总是先迅速上升至一个比连续放电电子温度高的峰值,而电子密度不变。随后电子温度下降而电子密度上升,最后各自达到准稳态的值。当脉冲功率关闭以后,电子温度和电子密度迅速下降,而电子温度下降的速率远大于电子密度下降的速率。对于相同时间内的平均功率,脉冲放电等离子体的平均密度比连续放电的高。从物理角度看,脉冲放电平均密度比连续放电平均密度高,这是因为放电关闭时电子温度下降非常快,这样带电粒子的损失率也下降。如果脉冲周期比衰减时间长,可以减少晶片刻蚀过程中电荷积累效应造成的损伤和刻蚀图形的变形。

在高密度、低气压放电中使用电负性的分子气体会使离子和能量的平衡方程分析变得复杂。这一过程中占主导作用的气体分子分解成中性粒子和正离子。脉冲放电的开启和关闭阶段,电子密度和电子温度对时间和空间变量有依赖关系。脉冲功率开启时,电子密度较低,大部分离子在腔体中。随后电子密度增加,离子在空间扩散分布,在双极性电场作用下迁移至放电中心。等离子体达到稳态分布,脉冲功率关闭,电子密度迅速降低,离子则扩散迁移。所以精准调控纳秒脉冲电场等离子体电化学电子密度和电子温度与时间和空间变量的关系,有利于高场强电子通量在离散微区竞争分配的电场环境,促使等离子体诱导丝状电流漩涡扰动,形成沿面自迁移微弧团簇,引发阳极表面微纳米尺度的弛豫层和重构层原子激烈振荡,从温度场转化的应力场应力足以使得表面凸起点剥离而研磨。脉冲放电能在很小的输入功率下,产生中性粒子刻蚀或沉积。通过适当调整脉冲放电的参数,在不降低沉积速率的情况下,大幅度减小在固体上功率损失。脉冲放电产生的等离子体可有效地避免空心阴极效应和弧光放电的损害,适用于结构复杂及带小孔的零件。它和激发态原子密度随时间变化。

1.2.7 阀金属表面微弧氧化与剥离理论

铝合金表面陶瓷化开始研究微弧氧化。微弧氧化的理论研究从阀金属表面处理溶液开始。初期研究认为,不同处理溶液影响了微弧氧化陶瓷层的成分和结构,进而影响陶瓷层的性能。然而随后研究得出处理溶液仅起到介质作用,微弧氧化陶瓷层致密层的成分和结构并不受处理溶液的影响,处理溶液的成分影响阀金属表面微弧氧化的过程。在阀金属微弧等氧化过程中不同处理溶液只是析出氧原子的过程和机理不同,所以阀金属微弧氧化处理溶液可以循环使用,属于环保型溶液。随着研究深入,认为微弧氧化处理主要取决于微弧氧化电源模式,而溶液的成分为次要因素。不同的电源模式在电极表面产生的气隙膜的厚度和部位存在差异而产生不同的处理效果。最新研究应用固体物理理论研究阀金属表面微弧氧化形成陶瓷层,认为阀金属表面的氧化膜层本质上为 n 型半导体,属于阴离子空穴。其导电率低,在高压大电场作用下,其载流子激发击穿氧化膜发生各种物理化学现象,产生机械力、热击穿、电击穿、强辉弱弧,在热电子发射定律的作用下于阀金属表面沿面自组织发生微弧氧化反应。阀金属表面的氧化物半导体非完整晶体缺陷结构在微弧氧化作用下演变优化晶体结构,使得晶体结构导电通道封闭形成陶瓷结构,等离子体电化学发生转移于下一个缺陷结构熔融烧结,形成陶瓷结构。电流总会优先经过相对电阻值低的缺陷通道,因此陶瓷层通过缺陷通道的不断放电,最终实现均匀增厚。综上所述,微弧氧化理论从等离子体电化学理论向陶瓷层的量子化理论方向发展,用两种类型半导体的导电特性和量子行为解释,同时其研究关注微弧氧化的沿面自组织行为和不受电场分布影响的微弧纳米束作用表面的过程。阀金属表面电场的施加从方波脉冲和正负脉冲向纳秒脉冲电场发展。

等离子体电化学系统中,存在两个带电平面,一个带电平面是由固体表面电荷引起,另一个带电平面是由受到带电固体表面吸引的溶液中的离子,形成双电层。电荷可能以平面排列的形式储存在氧化物与基体之间的界面态上,也形成双电层。各种双电层具有电容性质,也有阻抗性质。改变电压,会引起双电层电容的瞬间充电和双电层的电压变动。由于表面结构的不均一性,双电层的电压漂移,引起注入表面态和界面态电荷聚集。电荷聚集引起非平衡位置极化,在双电层电压极化电场移动过程中,失去平衡的电场发生电子传递。因输入的电压持续增大,氧化物成核过程发生在有利的位置,接着铺展并增厚。如果形成的氧化物膜凝聚性低,氧化膜将一边生长一边破裂,继续生长所需的电压将与初始电压相同。如果形成的氧化物凝聚性高,结果形成连续的氧化膜并持续生长,且继续生长所需的电压随着氧化膜的增厚而增大。随着电压持续增大,界面的极化电阻在电子快速传递过程中产生电阻热,加热溶液在电极表面形成气隙膜。电极表面脉冲电压超过气隙膜击穿电压会诱发等离子体,产生丝状电流。在凝聚性氧化膜增厚期间,外加电场值高于活化能和费米能,丝状电流的隧道作用和电子雪崩作用更加明显,所以诱发的等离子体隧道物理化学作用更加明显。丝状放电过程中氧化物膜两界面存在双电层和氧化膜的势阱,它会引起电流的相互传递。随着交换电流的进行,膜厚增加,同时电压持续增加使得电场强度增大,丝状电流将持续注入氧化膜,促使氧化膜与金属基体界面击穿的交换电流电阻热效应向金属方向熔融,结果氧化膜在增厚的同时晶化。同样,高脉冲电压作用下电极表面丝状电流的隧道作用和电子雪崩作用剪切剥离凝聚性低的氧化膜,破坏了其持续生长,从而实现表面的研磨抛光。

可见,等离子体电化学既在电化学电极表面引入了等离子体物理理论,又拓展电化学理论从电解液成分主导向电场控制模式主导,成为全新的交叉学科,是一门新方法、理论和应用。

1.3 等离子体电化学应用展望

1.3.1 轻合金表面陶瓷化

随着现代工业及科学技术的发展,陶瓷材料以其特有的性能和丰富的资源优势成为继金属材料、高分子材料之后又一重要的工程材料。由于整体陶瓷材料的脆性大,可加工性差,其广泛应用受到束缚。在金属及其合金表面实施陶瓷化涂层,可在保证原金属材料使用性能的前提下,用廉价的金属材料取代贵金属及其合金,同时可以赋予原金属材料一些其他表面技术无法得到的特殊性能,拓宽其适用范围,而且可以用加工成型的材料作为基体进行表面陶瓷化处理,还可以提高陶瓷材料的可加工性。所以,为了提高材料的综合性能,人们常常采用表面改性的方法,微弧氧化技术便是一种在金属表面进行陶瓷化改性处理的新方法。采用微弧氧化技术在阀金属及其合金表面生成的氧化陶瓷层,具有显微硬度高、耐磨性好、与基体的结合力强、耐腐蚀等优点,因此在机械、汽车、国防、电子、航天航空及民用建筑等工业领域有着极其广泛的应用前景。目前,微弧氧化技术在国内外都没有进入大规模的工业应用阶段,但该技术生成陶瓷层的特点决定了其特别适用于高速运动且耐磨、耐腐蚀性能要求高的零部件处理。如对发动机活塞(铸造高硅铝合金材料)进行微弧氧化处理,可以极大地提高活塞的硬度和耐磨性,改善活塞表面磨损严重的状况;又如在石油工业管道工程中,用微弧氧化处理的闸阀挡板,具有良好的抗硫化氢介质的腐蚀性,其使用寿命可增加几倍;再如在机器制造业中,微弧氧化涂层应用于真空无油泵和涡轮泵的高速旋转零部件。微弧氧化陶瓷层具备了阳极氧化膜和陶瓷喷涂层两者的优点,可以部分地替代它们的产品,在汽车、航空、航天、机械、纺织、医疗、电子、装饰等许多领域有着非常广阔的应用前景(图1-2)。目前国内已经开始进入耐磨和装饰膜层的应用阶段,但要想进一步扩展其应用领域还有许多工作要做。微弧氧化技术作为一种新兴的表面处理技术,正日益受到人们的重视。微弧氧化陶瓷层具有不同于传统阳极氧化膜的性能特点,它必将很快地应用到生产及生活的各个领域。

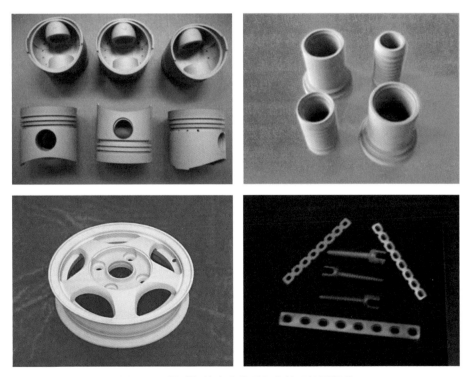

图1-2　铝、镁、钛合金微弧氧化处理的零部件

1.3.2　材料表面非接触无损伤研磨

一些关键构件,如发动机涡轮叶片,复杂的曲面形状和高标准的加工精度使接触式研磨加工技术难以实施,非接触式抛光加工往往会作为首选方法予以考虑。在非接触式加工的诸多方法中,虽然具有诸如电子束、激光束和电火花等技术可供备选,但是其均属于热加工技术,即使可满足加工精度要求,还是会在加工面上产生大于 1 微米甚至 10 微米的再铸层以及微裂纹和残余应力等缺陷,因而此类技术的应用受到限制。于是,理论上可以达到原子层级加工精度、加工层无热应力和机械应力残留的电化学去除技术——电解加工便成为有效的备选方案。电解加工是电场作用下阳极表面金属原子经电化学溶解形成阳离子,而后被流体带出。依据这一基本原理,只要加工系统满足以下两个条件,理论上便可加工出原子层级精度的任意形状产品:① 电场作用下的电解液体系可以使阳极表面持续生成金属阳离子;② 不被电解液腐蚀的"仿形阴极"可保证阴阳极间各处电场强度均匀一致。这种加工的优点是,理论上为原子层级的"去除"精度满足了复杂形状构件的高精度抛光加工要求,且无再铸层及残余应力等产生。但也有不足,既然是按"使阳极表面持续生成金属阳离子"原理实现阳极表面金属原子的"逐层剥离"去除,则外电场的电位差设计和内电场的电解液配置必然要考虑阳极金属的放电特性。如合金发动机涡轮叶片,阳极属多组元形成多种类复相化合物的合金制品,仅以某个组元的放电特性为依据来设计内外电场和电解液体系,难以做到同一原子层面上各金属组元溶解速率的等同性,难免产生影响加工精度的杂散腐蚀等缺陷。对于涡轮叶片类金属阳极,不可能期望一种电解液对铝、钴和镍等元素具有相同的剥离速率。开发应用几十年的电化学去除技术历程也表明,面对电极电位相差较大的多组元和复合物相组成的合金体系电极材料,其加工精度的有效性往往大打折扣。然而现实情况是,高性能金属材料又均由多组元和复合物相构成。

于是,利用可原子级逐层剥离的原理优点,规避受电极电位不一致性干扰的工艺缺点,探寻新的不受阳极金属组元和物相组成限制、可满足复杂曲面形状构件在原子层尺度去除的剥离机理,实现亚微米至纳米级精密抛光和加工要求的工艺目的,便具有极为重要的科学意义和工程实用价值(图 1-3)。轴、套、齿、圈之类的精密机械零部件先进加工方法已成为制约我国高端装备和智能机械整机性能的瓶颈之一。如雨后春笋般组建的各类机器人制造企业,短短几年时间便处于"有产值没利润"的尴尬局面,究其原因,多是机器人用的减速机和伺服电机两类集成原理通晓,结构主要由轴、齿、套、圈组成的部件均需国外采购,其进口采购成本占机器人总价的50%以上,足见精密机械基础件加工对智能机械发展的制约;又如在采用3D打印技术成型出高硬超强的各类合金或金属陶瓷类关键部件之后,此类多为曲面形状、金属基体中包括高硬度陶瓷相部件的表面亚微米至纳米级平坦化处理便成为不亚于成型的又一难题。

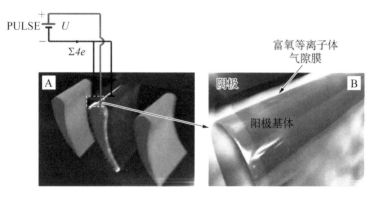

图 1 - 3　阳极金属表面产生"富氧等离子体气隙膜"电化学系统示意图
A. 脉冲外电路与内电场结构;B. 阴阳极间的氧等离子体区

参考文献

[1] 孙冰.液相放电等离子体及其应用[M].北京:科学出版社.2013.

[2] 彭国贤.气体放电——等离子体物理的应用[M].上海:知识出版社.1988.

[3] 邵涛,严萍.大气压气体放电及其等离子体应用[M].北京:科学出版社.2015.

[4] Richard Fitzpatrick. The Physics of Plasmas[M]. Texas：The University of Texas at Austin. 1996.

[5] Haddad A，Warne D. Advances in High Voltage Engineering[M]. London，United Kingdom：The Institution of Engineering and Technology，2004.

第二章　阳极表面的气体放电原理

2.1　阀金属表面丝状电流的形成

2.1.1　氧化膜中载流子的电离与输运

氧化膜中能够形成电流的电子或离子称为载流子,一般环境下阀金属氧化膜是几乎不导电的绝缘体,原因是满带已被价电子所占满,较大的禁带宽度导致满带中的电子很难跃迁到导带,导带中不会存在能够自由移动的电子,而满带中也不会存在大量的空穴,氧化膜即使有外加一般电场的作用,但仍然不导电。在某些特殊条件下,氧化膜如果存在自由移动的载流子,则仍然具有导电性,自由移动的载流子需要通过氧化膜自身电离实现。下面从固体电子学角度介绍氧化膜中几种可能出现的电离机制。

（1）本征激发:氧化物共价键上的电子吸收外界能量而具有很高动能并剧烈震荡,脱离共价键的束缚。这种行为相当于图 2-1 中电子从价带激发后直接跃迁到导带。脱离共价键所需的最低能量就是禁带宽度。由价带上的电子激发成为导带中准自由电子的过程称为氧化膜的本征激发。

（2）光致激发:光在氧化膜中的传播具有衰减的现象,即如果氧化膜具有光吸收能力,并且当一定波长的光照射氧化膜后价带中电子吸收光子能量并直接跃迁到导带,如图 2-1 所示。光致激发本质上是电子吸收光能脱离共价键的束缚。

（3）隧道效应:隧道效应是指氧化膜与其他相的两相界面在强电场作用下,电子通过隧道效应从其他相费米能级低的位置直接跃迁过势垒进入氧化膜中引起氧化膜的电导现象。

（4）雪崩效应：如果氧化膜中存在少量的电子和空穴，少量的电子和空穴可能来源于氧化膜中杂质间的氧化还原，或其他相中电子的隧道效应注入。当这些载流子通过热传递或电场加速而具有很高的动能时，再与离子发生碰撞时能把离子价键上的电子碰撞出来，如图 2-1 中电子通过碰撞电离跃迁到导带中成为导电电子，同时在价带中产生一个自由移动的空穴。碰撞电离后的电子又会继续和其他离子相互碰撞导致载流子雪崩倍增。

（5）机械作用：当氧化膜受到外界很强的应力作用时，例如氧化膜在微弧氧化环境下反复融化和凝固，微区残余应力将会使离子排列结构受到破坏，原有价电子受原子核的束缚能力将会在局部微裂纹处削弱，相当于缩减了禁带宽度，价电子就更容易在热电环境的激励下跃迁到导带。

（6）杂质能级：如果氧化膜中存在某些杂质元素甚至会对其电导性能具有决定性的影响。完整的氧化膜应该是纯净的，当杂质元素进入氧化膜后，会破坏氧化膜中离子的周期性排列方式，形成点缺陷、线缺陷、面缺陷三种缺陷方式，削弱原有价电子受原子核的束缚，如图 2-1 中杂质能级的引入缩短了原氧化物中的禁带宽度。此时价带中的电子更易因外界热电激励而跃迁到杂质能级，并继续以杂质能级作为跳板跃迁到导带，杂质能级中的电子也会受外界热电激励而不断电离电子到导带。

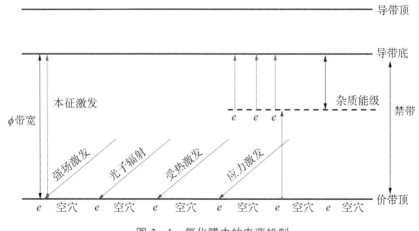

图 2-1　氧化膜中的电离机制

2.1.2 阀金属氧化膜中的几种击穿行为

虽然从固体电子学角度揭示了阀金属氧化膜可能存在的电离机制及导电行为,但对微弧氧化特定环境下的阀金属氧化物电击穿成因仍然存在不同的假说。

1. 氧化膜的热击穿

热击穿是固体介质中价电子受热电离而造成载流子倍增的一种击穿机制。当氧化膜中的微区长期承受压电的作用,或短时内受到极高温度的作用,会因介质损耗而发热。与此同时,氧化膜微区也向周围环境散热,如果周围电解液温度低、散热条件良好,发热和散热将会在一定条件下达到平衡,这时氧化膜微区处于热稳定状态,微区温度不会持续上升而导致热击穿。但是,如果发热量大于散热量,微区温度会不断上升,导致价带中的电子受热激发,甚至微区被分解和熔融,氧化膜微区中载流子受热激发和离子排列结构受到破坏从而引发热击穿。氧化膜的热击穿是最早的击穿理论之一。微弧氧化技术所使用的电源都具有很高的电流密度,因此缺陷处的漏电流、电损耗或微弧放电产生放热,氧化膜微区温度短时间内迅速升高。当微区达到一定温度阈值时微区出现熔化,微区价带中大量电子受热激发到导带,微区绝缘性能被破坏而出现热击穿。但热击穿机制并未充分考虑氧化膜中电流的来源,仅假设氧化膜局部电流完全来自电源。因此,按照理论计算只能局限在大电流密度的输出环境中。微弧氧化实际所需的电流密度远低于热击穿机制所计算出的理论值。

2. 氧化膜的机械击穿

氧化膜在生长过程中,电流焦耳热、微放电高温和电解液激冷凝固共同作用使氧化膜中的微区存在大量的残余应力。从图 2-2 铝合金氧化膜表面形貌中可看出氧化膜中残余应力导致的大量的微裂纹。晶体氧化物中离子排列是固定有序的,但在不断地熔融和冷却作用下,晶体的微裂纹结构缺陷导致周期势场遭到严重破坏,微裂纹处电子受到原子核束缚的减弱导致氧化膜缺陷处极易在热电环境下失去绝缘性。但机械作用机制并未从固体电子学角度给出微裂纹与最终击穿间的原理,而且后续研究发现在没有微裂纹的区域依然存在放电现象。

3. 氧化膜的电击穿

面对热击穿和机械作用机制的不足,俄罗斯学者 Ikonopisov 率先通过固体电子学对电击穿进行严谨的理论分析,电击穿机制研究相对比较深入。电击穿通常是指仅仅由于电场的作用而直接使介质破坏并丧失绝缘性的现象。氧化膜微区中仅存在少量的电子,这些来自杂质间氧化还原产生的电子和电解液阴离子中的电子被隧道注入氧化膜。氧化膜两端加载弱电压时,这些电子承担漏电电流的输运,漏电电流十分微弱。但是如果这些电子在强电场作用下被加速并与氧化膜中的离子不断碰撞,单位时间内传导电子从电场加速获得的动能大于碰撞后损失的动能,则电子的动能将不断汇聚直到离子被碰撞电离,传导电子的数目将会因碰撞电离而雪崩倍增,使氧化膜微区的导电性大增而出现电击穿。

在介质的电导(或介电损耗)很低、同时具有良好的散热条件及介质内部不存在局部放电的情况下,固体介质的击穿通常为电击穿,其击穿场强一般可达 $10^5 \sim 10^6$ kV/m,比热击穿时的击穿场强高很多,后者仅为 $10^3 \sim 10^4$ kV/m。电击穿的主要特征为:击穿电压几乎与周围环境温度无关;除时间很短的情况,击穿电压与电压作用时间的关系不大;介质发热不显著;电场的均匀程度对击穿电压有显著的影响。Ikonopisov 认为微弧诱发的环境中氧化膜存在电击穿行为,氧化膜中电子电流对放电起到了主要的作用。电子通过电解液中的阴离子在阳极经氧化后释放,在强电场作用下电子以隧道效应的方式通过阳极-电解液界面注入阳极氧化膜中。这些电子在氧化膜中形成电子电流,并在氧化膜两端强电场的作用下诱发氧化膜的电击穿,如图 2-2 所示。

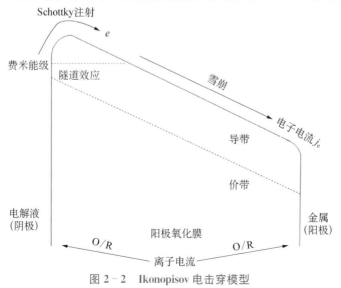

图 2-2　Ikonopisov 电击穿模型

Ikonopisov 模型定量揭示了电子电流的形成以及电压对放电的决定性影响,但并未揭示恒流模式下氧化膜击穿后两端电压随时间的波动效应。Kadary 和 Klein 在 Ikonopisov 模型的基础上,考虑到波动效应,提出了电击穿后所引发的二次电子雪崩倍增。这个思路借鉴气体电子学中的流注理论,如图 2-3 所示。

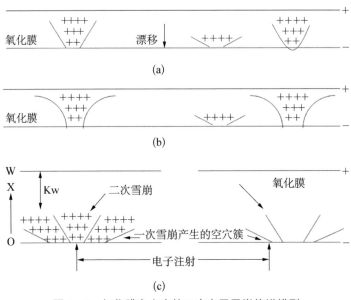

图 2-3　氧化膜电击穿的二次电子雪崩倍增模型

Kadary 和 Klein 认为,当第一次电击穿后将引发氧化膜中空间电荷的重新分布,进而造成局部场强的加强并连续引发该区域的电击穿,因此会造成局部电场强度出现动态波动。Kadary 和 Klein 虽然基于 Ikonopisov 模型但并未给出定量分析与实验验证。后来现象学的发现揭示了 Ikonopisov 模型的一个局限性。按照 Ikonopisov 模型,如果电子电流是通过阴离子在阳极利用氧化反应提供,那么所需要的电子量是相当多的,理论上在阳极应该产生大量的气体。而 Albella 发现阳极产生的气体不足以达到 Ikonopisov 模型中的电子电流强度。于是 Albella 提出杂质放电中心模型,认为电子首先是按照 Ikonopisov 模型注入氧化膜中的,但这些电子不需要太多,这些电子将会碰撞氧化膜中的杂质元素原子,并引起杂质元素原子不断电离电子,这样氧化膜中就具有足够的电子电流诱发并维持放电。到目前为止尚未有更全面的理论描述氧化膜在固-液界面的电击穿行为。

2.1.3　电子通量沿面的竞争分配

1. 电阻分布的涨落

一个由大量子系统组成的系统,其可测的宏观量是众多子系统的统计平均效应的反映。但系统在每一时刻的实际测度并不都精确地处于这些平均值上,而是或多或少有些偏差,这些偏差就叫涨落。涨落是偶然的、杂乱无章的、随机的。任何一个电极表面都可看作系统,电极表面的不同微区可看作子系统,电极反应可测的宏观量是众多微区反应的统计平均效应。总电流分配在每个微区的电子通量决定着该微区的电极反应状态。真实情况下不同微区的电阻值和电子通量总会存在差异,导致每个微区的电极反应强度并不完全相同。进而使总的电极反应强度和速率(宏观量)即使在恒定的外界环境下仍然会偏离宏观量平均值,或多或少存在差异,这种随机的差异称为电极反应的涨落。涨落通常十分微小并难以察觉。也就是说微区电阻值和电子通量不均衡的差异极小,但通常近似认为电子通量在不同微区中分布均等并且不会对研究结果带来影响,其原因是系统受制于热力学第二定律。热力学第二定律又称“熵增定律”,表明了在自然过程中,一个孤立系统的总混乱度(即“熵”)不会减小。将该定律应用于电极反应中,意思是如果电极反应是孤立系统,例如原电池反应,即使初始电极中的电流由于电阻分布存在涨落,但电流在电极中不同微区的分布总会趋向处处相等并稳定的平衡态,电极系统可测的宏观量在恒定的外界条件下最终总会处于定常状态。热力学第二定律给定了电极反应一个时间箭头或方向性,说明电极反应不论发生何种反应,即使初始电阻分布存在涨落或人为扰动,只要电极系统与外界环境无物质和能量交换,那么电极反应总会向平衡态发展,微区电子通量分布和总电极反应速率在长时间里不发生变化,微区电阻值的涨落差异总会趋向消亡。

2. 平衡态与电场环境的预测

基于热力学第二定律建立的科学理论几乎是理解一切系统的基石。如果电极反应趋向平衡态,那么外界环境对这种电极反应就具有可控性和可预测性。即使阳极氧化膜不同微区电阻值初始是不均衡的,遵循热力学第二定律,微区电阻值随着电极反应总会相互均衡。对于微区电阻分布总是均衡的氧化膜,极间距离所调控的电场分布将成为决定电流分布和强弱的唯一因素。图

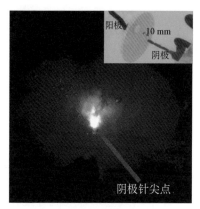

图 2 - 4　电极结构对平衡态电极反应的可控性

2-4中按照高斯定律阴极针尖所对的样品中心处由于具有最小的极间距离,电场分布最强。放电在中心区域选区诱发后其状态会在恒定的外界条件下处于定常状态,外界电场分布对放电时空分布和能量可以进行精确控制和预测。

3. 非平衡态电极反应

热力学第二定律完全适用于孤立系统,对于大多开放系统仍然适用。虽然在20世纪以前人们认为开放系统也会完全遵循热力学第二定律,并且绝大多数开放系统的现象和结果也符合热力学第二定律。但21世纪蝴蝶效应和化学震荡的现象首次确定了开放系统可以趋向平衡态,但也可以不随时间而趋向平衡态。相反,当外界因素超过某一阈值使系统越过行为临界点,初始涨落可能不会消亡,而是被不稳定的子系统相干效应放大,系统远离平衡态的过程促使系统内部自发涌现新的宏观态和有序性。这一结论首次被普利高津所引领的布鲁塞尔学派通过建立耗散结构理论给予完整证明,普利高津也因此获得1977年诺贝尔化学奖。但耗散结构理论因其数学复杂性和对化学以外系统的局限性,仍不能全面揭示更多开放系统远离平衡态过程中所涌现的各种有序性现象,其中包括天气和气候的不可预测性,生命生长及疾病的传播,社会的经济、政治和文化行为,中心结点导致计算机网络和电网的全面崩溃,计算智能化的前景等。对于开放的非平衡态电极反应,例如微弧氧化过程,随着电源通电不断做功,电极中不同微区电阻分布的涨落将伴随放电反应急剧增加,不同微区电子通量差距越来越大。非平衡态电极反应中由于不同微区电阻分布随时间差异越来越大,导致电流分布很不均衡。非平衡态电极反应将会导致外界环境对这种电极反应失去可控性和可预测性。如图2-5所示,虽然阴极针尖所对的样品中心区域具有最高的电场强度,但微弧反而在样品的中心区域分布稀疏,在中心以外的其他区域呈现密集分布。这个结果说明对于非平衡态电极反应,电场分布不能够准确预测和控制电极反应的时空分布与能量。因为每个微区的电子通量不仅仅由电场决定,也会受到电流总是遵循阻力最低原理的支配。当图2-5中阳极氧化膜中心区域中的微区发生一次放电后,该区域中的微区自身电阻值将会出现变化。也就是说,由于电流总是优先经过电阻最低的路径,微区每次放电都会对下一次所有微区电阻和电流分布带来反馈,微区电阻和电流分布将会不断发生重构。阴极针尖所对的样品中心区域中微区放电后,自身电阻值如果发生了一个增量,那么下一次电流就会优先经过电阻较低的其他区域而使其具有更高的电子通量,并且其他区域中低电阻微区对电流的自发吸引将超过电场分布的控制,进而导致最终电极结构对微弧等离子体预测上的错误。

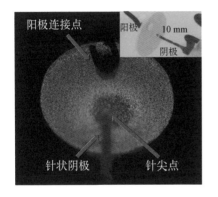 

图 2-5　电极结构对非平衡态电极反应的不可控性 　　图 2-6　阳极氧化膜表面微弧涌现出持续移动的花状结构

　　子系统间的自反馈相干效应是非平衡态电极反应的重要特征和不可忽视的因素,外界环境对该系统动力学的控制和预测将十分有限。非平衡态电极反应另一个更有趣的特点是伴随着电流分布远离平衡态,子系统间会相互自组织而涌现出有序性。如图 2-6 所示,弧斑群体涌现的花状有序图案并不存在任何人为和电极结构的影响,连续移动的礼花状图案具有随机性和难以预测性。虽然人们意识到了自组织现象的存在,但目前为止分析和鉴别这些涌现图案的方法还远不成熟。

2.1.4　阀金属氧化膜的团簇结构

微弧等离子体群不能直接通过阀金属表面而诱发,而是先通过阳极反应

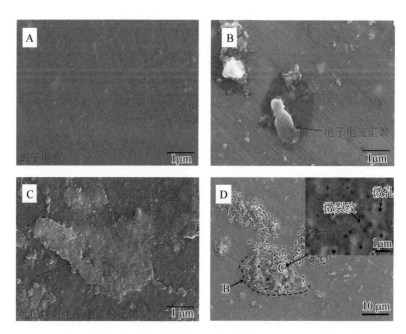

图 2-7　沉积层团簇结构与微弧诱发的一般性过程处理时间

(A) 3 s;(B) 6 s;(C) 9 s;(D) 37 s。

在其阀金属表面沉积出一层高阻抗沉积层,当沉积层生长到一定厚度时微弧等离子体便会诱发。图 2-7 通过沉积层生长过程的结构和电导特性揭示微弧等离子体诱发的一般性过程。微弧氧化最初符合电化学阳极氧化并借助离子电流实现沉积层的生长。初始金属沿面的导电性很好,均匀的离子电流使氧化物/络合物在阳极表面均匀分布(图 2-7A)。这个阶段符合传统阳极氧化过程并遵守法拉第定律,均匀的离子电流承担了沉积层最初的生长。随着阀金属氧化膜宏观电阻值的增加和阀金属氧化物自身的绝缘性,离子电流开始难以通过。此时阴阳极间的电压值若不相应提高,阳极反应将会停止,而样品两端的伏安特性曲线也会遵循固-液界面双电层电容器结构的规律。氧化膜中只有少量因杂质元素产生的漏电电流,这些漏电电流来自杂质元素间的氧化还原反应。若提高阴阳极间电压并越过一定的阈值,电解液满带中的电子将在氧化膜沿面强场的作用下借助隧道效应注入氧化膜的导带,导带中的电子电流承担了沉积层的后续生长。此时杂质元素和电流焦耳热引起的微区残余应力将会导致氧化膜中电阻分布出现不均衡的涨落,氧化膜中微裂纹和杂质颗粒界面处具有更高的电子通量和相应焦耳热,阀金属氧化物、配合物和结晶水合物优先在这些微区通过热化学形成,电阻分布的随机涨落导致出现图 2-7B 中随机的大团簇颗粒状沉积物。由于阀金属氧化物和配合物的绝缘性以及电流总是优先经过电阻最低的路径,下次电流在其他电阻值低的缺陷微区汇聚更多,导致氧化物、配合物和结晶水合物等构成的团簇结构沿面铺展(图 2-7C)。团簇结构的沿面铺展和沉积层宏观生长进一步加强了电流分配的不均衡程度,如图 2-7D 所示某些团簇结构内部电流分布不均衡程度达到一定阈值时,最终在这些团簇结构内部(C 区)的杂质颗粒界面和微裂纹等缺陷微区处诱发微弧等离子体。

通过图 2-7 中沉积层生长过程的团簇结构我们定性归纳出以下结论: ① 高阻抗沉积层的形成对微弧等离子体的诱发具有重要作用,沉积层宏观绝缘性越强,电流微观分布的不均衡程度越高,放电越容易在较低电力条件下发生。② 微弧诱发环境中电流分布处于非平衡态促使氧化膜沿面出现团簇结构,团簇结构对微弧等离子体具有决定性影响,其本质是团簇结构自身的高阻抗及内部缺陷微区加强了电流分布不均衡的程度,导致电子通量的汇聚。微区电子通量不仅仅受到电源提供总电流密度的影响,更重要的是氧化膜要通过自身缺陷区域营造微观尺度内电流分布不均衡的物质环境。

2.1.5　丝状电流的形成

在先后介绍了固体电击穿、电阻分布的涨落、非平衡态电极反应和氧化膜团簇结构的相关知识后,我们给出阀金属氧化膜中丝状电流这种电击穿行为的机理。而丝状电流的现象已经被证实,1980 年 Kadary 和 Klein 在研究 Al、Ti 的电击穿现象时,发现存在丝状电流从小孔或缝隙中溢出的现象。

在微弧等离子体诱发的前期,团簇结构氧化膜作为微弧诱发的电介质具有宏观高阻抗的物理特性,实际上由于阀金属氧化物中禁带宽度较宽,导致满带中的电子无法跃迁到导带,导带中没有大量自由移动的电子,无法承担电流的输运任务。正常情况下氧化膜是具有电绝缘性的,即使在该膜层两端施加电压也难以有电流通过。但氧化膜在固-液界面的凸起处具有很高的场强,微弧氧化虽然宏观上提供的电压并不算高(300 V~1 000 V),但通过图 2-8

可以看出在微纳米量级的凸起周围,电场线分布将会很不均匀并产生很高的场强。与此同时阳极反应过程中,OH⁻在阳极经过氧化后释放的电子流经氧化膜时,不均匀的电导缺陷使膜层中电流分布很不均衡。不论是放电瞬间的高阻抗电沉积膜层还是放电后任意时刻的陶瓷层,缺陷微区相比纯净氧化物微区将汇聚更多的电子通量,即膜层微区电阻分布的不均衡涨落导致了电流在不同微区分布处于非平衡态。诱发放电的电场环境在微观尺度内具有电流和场强分布均处于非平衡态的特性,凸起的电场强度和缺陷区域的电子通量会非常高,这些局部区域同时会伴随大量气泡溢出和富氧气隙膜的形成。

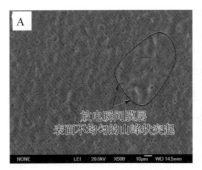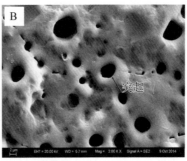

图 2-8   氧化膜表面微纳米尺度凸起

(A) 起弧瞬间沉积层;(B) 起弧后的陶瓷层。

如图 2-9 所示氧化膜局部高场将会使氧化膜的费米能级向金属基底发生弯曲,甚至使氧化膜的费米能级弯曲到电解液的费米能级以下。由于氧化膜中的部分费米能级低于电解液的费米能级,这样就为阴离子在阳极氧化后失去的那部分电子提供了一个着陆点。结果靠近液固界面氧化膜的费米能仍高于电解液的费米能,并形成势垒阻碍电子的迁移。但在强场下阴离子失去的电子仍然有一定概率从电解液的费米能级隧穿过液固界面氧化膜的势垒,并跃迁到氧化膜的着陆点。电子通过这种隧道效应的方式注入氧化膜导带并形成电子电流。通过隧道效应注入氧化膜的电子并不多,这些电子在氧化膜中形成的电子电流并不强。单位时间内这些电子的量和阴离子氧化的量遵循法拉第定律。但大量实验表明,氧化膜中的电流并不符合法拉第定律,遵循法拉第定律所得到的电子通量不足以引发氧化膜的电击穿,这也是热击穿和 Ikonopisov 电击穿理论不够全面的原因。

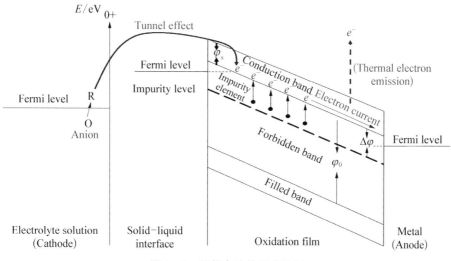

图 2 - 9　丝状电流的形成机制

OH⁻经过阳极氧化失去的那部分电子会通过强场下的隧道效应注入氧化膜导带形成初始电流,这部分满足法拉第定律的电子所形成的初始电流很弱,如果初始电流密度能够达到固体电击穿的临界值,电源提供的电流密度和阳极离子反应量需要相当高,而实际电源提供的电流密度远低于该值,阳极离子反应和析出氧气的量并不多。但如果考虑以下三个因素,初始电流强度就会有所不同。

(1)氧化膜并不是纯净的金属氧化物,其中包含了溶液中的杂质阴离子、本身基体合金中的掺杂元素和微裂纹等缺陷微区。这些缺陷决定了氧化膜中出现不均匀的电导分布,电子电流将会优先通过电阻值较低的薄弱部位,导致缺陷微区具有更高的电子通量。氧化膜中的缺陷引起了电流分布的不均衡,侧面推动了局部缺陷微区电子通量的增加。

(2)缺陷微区中杂质能级的作用。尽管缺陷微区推动了自身电子通量的增加,但可能还是达不到缺陷微区电击穿相应的电流密度。如图2-9中,溶液中阴离子失去的电子通过隧道效应注入氧化膜并汇聚在缺陷微区后,在缺陷微区的导带中会有一定的自由电子经过并形成初始电子电流。这些电子电流会产生一定的热效应并引起杂质能级中的电子通过热激励跃迁到氧化膜的导带中,加强了导带中自由电子的数量,推动了导带中电子通量的加强。导带中电子通量的增加又会进一步促进杂质元素中电子的热激励,使导带中的电子通量继续加强。经过上述不断的正反馈过程，导带中电子通量很高，缺陷微区最终被热击穿而引发导带中的电子雪崩倍增并出现电击穿行为。

（3）氧化膜自身的结构特征。团簇结构内部的微裂纹和杂质颗粒界面等缺陷具有十分微小的纳米尺度，而团簇结构自身具有高阻抗的电导特性，这样就使电子通量自发向纳米尺度缩聚，使其电击穿行为也具有纳米尺度的分布特性。

由于上述三方面的因素，氧化膜中局部缺陷区域电子通量在短时内会非常高并出现丝状电流的固体电击穿行为。

2.2 丝状电流的热效应

丝状电流是一种固体电击穿行为。丝状电流在微弧等离子体诱发的过程中具有重要作用，原因在于该电流具有极强的热效应，丝状电流示意图如图2-10所示。

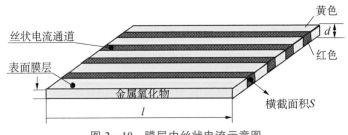

图 2-10 膜层中丝状电流示意图

图 2-10 中：l 为沿电场方向膜层表面突起长度，l 箭头指向为电场方向。d 为突起厚度，表面层红色部分为丝状电流通道，其通道的组成主要为氧化膜中的缺陷区域。丝状电流通道横截面被认为是圆面，截面半径为 R，面积为 S，并联通道数量为 m，通道电导率为 σ，该通道固体中的电子电离系数为 α。红色通道周围黄色部分表示正常氧化物晶体区域，具有相当高的电阻率，对应电导率为 σ_s。在 l 方向上施加的电压为 U，β 为红色通道中电流产生的热量散发到侧面黄色介质中的散热系数。在计算通道中温度与电流的演变前我们做如下近似：

（1）黄色介质的电导率远小于红色介质的电导率，即 $\sigma_s \ll \sigma$，丝状电流仅在红色通道中传递。

（2）丝状电流通道半径 R 恒定，且 $R \ll d$。

（3）丝状电流通道中物质的电导率是随温度变化的，遵守瓦格纳定律。

（4）丝状电流以外黄色区域介质温度与溶液温度保持一致并恒为 T_0，通道内外的热交换仅在此表面进行并与 d 无关。

（5）电路假设等效为 m 个电阻为 R 的丝流通道构成并联电路。图 2-10 中每一条红色支路上丝状电流强度相等，且 $I = U/R$，并且这些丝状电流通道的热效应是独立的，即不受其他支路上丝流通道热效应影响。经过上述近似单位时间每个红色丝状电流通道中的热量：

$$Q_1 = 0.24 U^2 \sigma \frac{S}{l} \tag{2-1}$$

丝流通道的平均温度为 T，周围黄色电介质的温度为 T_0。从丝流通道散发到侧面黄色电介质中的热量为

$$Q_2 = \beta(T - T_0)l \tag{2-2}$$

电导率遵循瓦格纳定律，即

$$\sigma = \sigma_0 e^{\alpha(T-T_0)} \tag{2-3}$$

其中 σ_0 表示材料在 0 ℃时的电导率。为了使丝流通道温度会随时间积累，电流所对应的临界电压可由式（2-4）计算得到：

$$\left. \frac{\mathrm{d}Q_1}{\mathrm{d}T} \right|_{T_m} = \left. \frac{\mathrm{d}Q_2}{\mathrm{d}T} \right|_{T_m} \tag{2-4}$$

将式（2-1）、（2-2）、（2-3）代入式（2-4），并考虑到 $\rho_0 = e^{-\alpha T_0}$，其中 ρ_0 表示丝流通道室温下的电导率，以及膜层处于无限热容的室温溶液环境中。求解式（2-4）得到：

$$U_m = \sqrt{\frac{\beta \rho_0}{0.24 S e \alpha}} \, l \, e^{-\frac{\alpha T_0}{2}} \tag{2-5}$$

考虑到 $I = U \cdot \sigma \cdot S / l$，代入式（2-5）得到：

$$I_m = N \sqrt{\frac{\beta S}{0.24 e \alpha \rho_0}} \, e^{-\frac{\alpha T_0}{2}} \tag{2-6}$$

将式（2-5）、（2-6）代入电源输出功率 $P = I \cdot U$ 中得到：

$$P_m = N \sqrt{\frac{\beta^2}{0.057\ 6e^2\alpha^2}}\, l\,\mathrm{e}^{-aT_0} \qquad (2-7)$$

式(2-5)、(2-6)、(2-7)即为氧化膜中丝状电流随时间能够积累热效应的电力边界条件,低于此电压或此电流的临界值丝状电流通道将不会随时间产生有效的热效应,丝状电流通道的温度将会和电解液温度维持在一个热平衡的状态,继而不能引发后面将要提到的热电子发射。接下来依据上述模型定量计算通道中温度的演变,并引入时间参量。导电通道内温度变化的动态方程可以写成:

$$\frac{\partial T}{\partial t} c_V l S = 0.24 U^2 \sigma_0 \mathrm{e}^{aT} \frac{S}{l} - \beta(T - T_0)l \qquad (2-8)$$

其中 c_V 为丝流通道红色介质的体积热容。由于弧斑具有微秒量级的时间分布,因此丝状电流引起热量增加很快。忽略散热项,通过式(2-9)可得温度随时间演变的定量关系:

$$T = -\frac{1}{\alpha} \ln\left(\mathrm{e}^{-aT_0} - \frac{0.24 U^2 - \sigma_0 \alpha}{c_V l^2} t\right) \qquad (2-9)$$

2.3 丝状电流的热电子发射与沿面放电

2.3.1 热电子发射定律

金属中的电子在导带中自由移动,其导带的带宽 φ 反映了阻碍电子溢出导带需克服阻力所做的功,称为逸出功。当外界提供金属热量时金属的温度将会增加。电子通过热传递获得足够动能并超过 φ 时将会从导带中飞出并脱离金属。金属热电子发射定律写作:

$$i = \frac{4\pi m_e e k^2}{h^3} T^2 \mathrm{e}^{-\frac{\varphi}{kT}} \qquad (2-10)$$

式中 i 表示热电子发射的通量,h 为普朗克常量,k 为玻尔兹曼常数,m_e 为电子质量，T 为金属的温度，φ 为金属的有效功函数。通过式(2-10)可以看出，理论上只要 $T>0$，金属就会存在热电子发射。事实上，即使在室温下也只有极少量电子的动能超过逸出功，因为在电子刚溢出金属的过程中，将受到来自金属内部电荷镜像引力的作用。低温下从金属表面逸出的电子微乎其微，并不会造成明显的影响。但当金属温度上升到 1 000 ℃以上时，动能超过逸出功的电子数目将非线性增加，大量电子从金属中逸出，热电子发射量将会迅速增加。

　　微弧诱发的环境中氧化膜丝状电流的热电子发射与金属中的热电子发射形式有所不同，但物理学原理上是相同的。氧化物的热电子发射机制比较复杂，实验中加热金属氧化物获得热电子发射的实验与应用很多。在此通过图2-9借助能带理论对氧化膜的热电子发射机制进行定性分析。氧化膜团簇结构中的缺陷微区会引起丝状电流，进而导致电流焦耳热主要存在于氧化膜的缺陷区域中。基底金属中并不会存在很强的热效应，因为金属不具有电流分布不均衡的特性，电流将会在金属中均散从而不会推动局部微区热量的增加。当丝状电流的温度很高时缺陷区域导带中电子的动能将会不断增加并超过缺陷区域的势垒，即图2-9中的 φ_s。缺陷区域的势垒 φ_s 指的是真空中静止电子的能量 E_0 与缺陷区域费米能级 E_f 之差，它表示一个起始能量处于氧化膜缺陷区域中费米能级的电子逸出到真空中所需最小能量。现在我们将之前的金属热电子发射理论应用于氧化膜中的热电子发射。将式(2-10)修正为

$$i = \frac{4\pi m e k^2}{h^3} T^2 e^{-\frac{\varphi_s}{kT}} \qquad (2-11)$$

　　将式(2-9)中温度 T 表达式代入式(2-11)，即可得到微弧氧化环境下由于丝状电流热效应而引发热电子发射量的定量表达式。式(2-11)中的 i 表示热发射电子的通量，并不包含热发射电子飞出氧化膜后的受力情况及相应物理过程。

2.3.2　热电子轨迹

　　当热电子从氧化膜中缺陷微区(丝状电流通道)飞出后事实上并不完全自

由。飞出电子将受到两个力的作用：一个是氧化膜表面层产生的感生电荷的引力。感生电荷的引力是指如果氧化膜平面外有一个电荷$+q$，那么氧化膜内部其他电荷对该正电荷将产生一个$-q$的静电引力。因此感生电荷的引力会将电子拉回氧化膜并阻碍飞出电子的逃逸。另一个是外界电场作用下的电场力。图2-11给出了氧化膜作为阴极时热电子飞出基底后受到的力与相应距离。如果氧化膜作为阴极，通过图2-11中的蓝色合力曲线可以看出，在电子飞出X_{max}区间内电子受到的合力是引力（蓝色曲线斜率为负），合力包括感生电荷引力和电场力。因此，即使氧化膜作为阴极时，热发射电子的动能必须超过第一动能阈值（蓝色曲线与X_{max}围成的面积）才能最终从金属基底逃逸。由此可以看出，如果热电子从阴极飞出，阴极产生的电场力有助于电子脱离氧化膜，如图2-11中黑色电场力曲线斜率为正。但并不是只要有温度和阴极电场作用热电子就能从基底逃逸，而是电子要具有一定的温度/动能并超过第一动能阈值后才能最终飞出，否则电子将会在感生电荷引力的作用下被拉回基底。一般的热电子发射技术中需要一定的阴极电场强度并对阴极材料加热到一定温度。

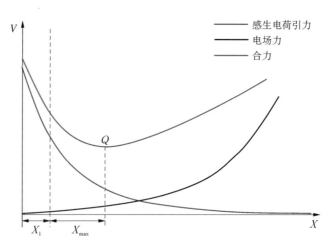

图2-11　热发射电子在阴极沿面运动中所受到的力

微弧等离子体诱发环境中阀金属氧化膜是阳极，阳极电场对飞出的热电子将产生引力，图2-11中黑色电场力曲线斜率将为负数。缺陷微区热发射电子虽然能以一个随机的角度飞出金属，但不会存在最终逃逸金属的可能，而是会在一个很小的空间尺度内形成一个抛物线的轨迹，最远飞出距离在距氧化膜沿面的某一点。也就是说，微弧氧化环境下丝状电流引发的热发射电子具有沿面分布特性。

2.3.3　沿面放电

热发射电子在进行抛物线轨迹的运动过程中，在小尺度范围内的运动中短暂脱离了氧化膜并进入另一种介质，这种介质包含电解液或气泡两种可能。如图 2-12 所示氧化膜表面存在大量气泡，气泡中气体来源于溶液中 OH^- 阳极氧化后产生的氧气（体积分数约 93%），电流或弧斑局部产生的高温也将蒸发电解液，产生水蒸气。气体还来自阴极氢气的扩散（体积分数约为 2%）、空气中的氮气（体积分数小于 4%）等。这些气体

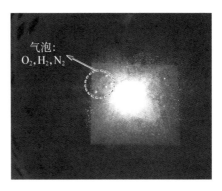

图 2-12　热发射电子进入的介质存在液相和气相两种可能

在膜层表面形成以氧气为主的富集气泡层，使氧化膜中的微区不但与液相接触，也存在与气相接触的可能。

热发射电子如果落入电解液，那么将会被电解液中的阳离子吸附并发生还原反应。电子如果进入气泡，则会与气体分子发生碰撞并进行一系列气体中的物理过程。如图 2-13 电子通过丝状电流热发射后直接进入气泡中以抛物线轨迹运动，其中电子飞出氧化膜最远距离为 X_0。

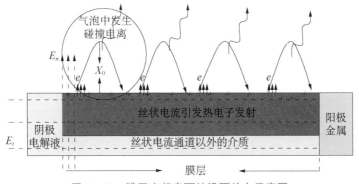

图 2-13　膜层突起表面的沿面放电示意图

微区表面不均匀的几何结构使表面电荷在曲率半径极小的微区产生很强的电场法向分量 E_n（图 2 - 13）。当丝状电流引发的热电子以一定角度从氧化膜表面飞出时,电子在反向电场 E_n 的作用下,将按图 2 - 13 所示的抛物线以最远飞跃距离 X_0 再一次飞回氧化膜表面。电子沿抛物线轨迹运动过程中将会和氧气分子发生碰撞。电子与氧气分子相邻两次碰撞内自由运动的距离称为平均自由程,电子在平均自由程内受到电场加速并获得动能。平均自由程内电子受到电场加速积累足够的动能,便能够碰撞气泡中的氧气分子发生碰撞电离,使中性氧气分子被电离成电子与氧离子,电离后的氧离子继续被电子碰撞而发生多级电离,引发气泡中的电子和氧离子将达到一个雪崩倍增的过程,此时气泡形成空间电荷浓度很高的氧等离子体。由于阳极电场的作用,等离子体将以沿面放电的形式局限在微纳米尺度的范围内。

电子在平均自由程内必须被电场加速获得足够的动能才能电离氧气分子。如果实际场强低于碰撞电离的临界场强,电子的动能将不能在碰撞氧气分子后引发碰撞电离。氧气分子碰撞电离的条件是

$$q_e Ex \geqslant W_i \qquad (2-12)$$

其中 W_i 为氧气的电离能。x 表示电子在碰撞气体分子之前自由运动的距离,即为平均自由程,电子平均自由程有如下公式表示:

$$x = \frac{kT}{\pi r^2 p} \qquad (2-13)$$

其中 p 为气体压力,T 为气体温度,k 为玻尔兹曼常数,r 为气体分子半径。阳极表面的气泡处于电解液当中,而电解液处于大气压和常温下。计算得到电子在气体中的平均自由程应为 10^{-5} cm。氧气的电离能为 12.5 eV,代入数值到式(2-13),计算出氧气分子的平均自由程,并将自由程计算结果代入式(2-12),计算得到发生氧电离的临界场强 E 为 1.206×10^8 V/m。

微弧氧化的临界放电电压峰值基本在 400～1 000 V,膜层局部凸起引起的曲率半径基本在纳米尺度,这样实际电压提供的表面场强至少在 1×10^{11} V/m 数量级,远远大于 $E_0 = 1.25 \times 10^8$ V/m 这一数值。该结果说明,微弧氧化中电源提供的电压在膜层凸起处的局部场强已经超过了气体碰撞电离的临界击穿场强。微弧等离子体形成的关键条件是需要在缺陷微区能够产生足够强度的丝

状电流。其中丝状电流的形成不但需要电源提供足够的电流密度,而且氧化膜还要自身构建出电阻分布不均衡的物质环境。这个结果也导致放电与膜层宏观阻抗密切相关。

2.4 微弧等离子体的自组织

2.4.1 微弧等离子体与氧化膜的相互作用

沿面放电与氧化膜相互作用如图 2-14A 所示。陶瓷层突起内表面出现高温沿面放电,放电的高温使缺陷通道在微秒量级的时间内融化,陶瓷层微孔的内表面受到微弧等离子体的热传递形成融化区。氧化膜主要是阀金属离子和氧离子构成的离子晶体,因此缺陷通道融化后形成大量游离的离子,游离的离子将使原本阀金属绝缘氧化物演变成良导体。缺陷通道丝状电流密度受到融化区域大量分流而减弱,如不相应提高当前缺陷区域的电流密度,缺陷通道将不会产生足够的热效应和热电子发射量,放电也会随之消失。这个结果揭示了微弧氧化中放电具有自生自灭的特性,这也是弧斑具有毫/微秒量级时间分布的原因。当单次放电结束后融化的氧化物在电解液作用下冷却凝固形成氧化物晶体,缺陷微区物质重构使电流下一次转移到其他电导缺陷通道,导致弧斑发生游动。单个弧斑存活时间不能随电源通电时间而累积,单个弧斑融穿陶瓷层深度是有限的,因此陶瓷层微孔内部会出现套孔,而不是一个微孔能够一致贯穿氧化膜(图 2-14B)。缺陷微区在弧斑热传递的作用下发生融化,并在弧斑自生自灭后受到电解液的冷却凝固转变为金属氧化物晶体,这正是陶瓷层在一次放电内的生长机制,陶瓷层同时伴随着气体溢出和放电,冲击将在表面留下陨石坑的微孔痕迹(图 2-14B)。由于电流总会优先经过相对电阻值低的缺陷通道,因此陶瓷层通过缺陷通道的不断放电实现均匀增厚。

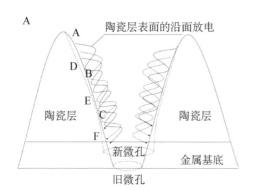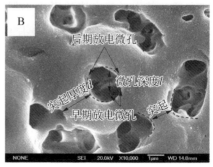

图 2-14　微弧等离子体与氧化膜的相互作用

（A）陶瓷层内部沿面放电；（B）陶瓷层表面形貌。

2.4.2　微弧等离子体与氧化膜的相互反馈

微弧等离子体因热电子发射所致具有 4 000 K 高温等离子体的能量特性，因微裂纹和杂质颗粒界面的纳米缩聚效应而具有微纳米量级的空间分布，因氧化膜离子晶体的融化而具有微/毫秒量级的时间分布。更重要的是先后两次微放电受到电流总是优先经过电阻最低路径这一内在支配原理的制约。图 2-15 更加清楚地描述了微弧等离子体与氧化膜的相互反馈过程，其中仅列举了氧化膜中两条电阻通道 R_1 和 R_2，事实上这些电阻通道如微区一样不计其数。由于缺陷分布是随机涨落，因此这两条电阻通道的初始电阻值并不相同。考虑到电源提供的总电流是有限并且恒定的，按照电流总是优先经过电阻最低的路径这一物理学基本原理，R_1 和 R_2 通道不能够同时放电，这两条通道中只有相对电阻值低的那条通道由于汇聚更多的电子通量而优先放电，这也是弧斑相比整个氧化膜具有中等数目的原因。图 2-15A 表示初始 t_n 时刻电阻 $R_1 < R_2$，电阻 R_1 通道为缺陷通道，其组成包含大量的微裂纹和杂质颗粒。电阻 R_2 通道为正常通道，其具有少量的微裂纹和杂质颗粒。电流 t_n 时刻主要汇聚到 R_1 通道并达到临界击穿强度引发放电，此时 R_2 通道由于分流较少未达到临界击穿电流强度并不能放电。图 2-15B 表示 t_n 时刻放电结束后来到 t_{n+1} 时刻，由于 t_n 时刻 R_1 通道放电后微裂纹结晶导致电阻值增加 ΔR，t_{n+1} 时刻可能出现 $R_1 > R_2$，R_2 通道此时被识别为缺陷通道。因此 t_{n+1} 时刻电流在 R_2 通道中将汇聚更多并达到临界击穿电流强度诱发放电。两条通道的弧斑分布将随放电次数一直按照上述规则不断反馈。而 R_1 与 R_2 的相对差异程度决定了各自通道电流的强弱，进而决定了各自通道所产生的放电能量。

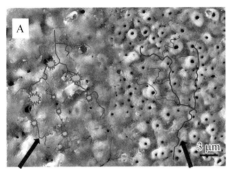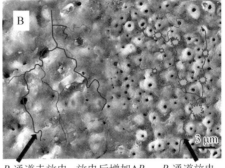

R_1通道放电　　　　　　　　R_2通道未放电　　R_1通道未放电　　放电后增加ΔR　　R_2通道放电
　　　　　　　　　　　　　　　　　　　　　　　　　　　　　　反馈

图 2-15　放电后物质重构对电流反馈示意图

(A) t_n时刻；(B) t_{n+1}时刻。

　　微弧等离子体与氧化膜的相互反馈也导致新微孔和旧微孔因为放电对电流的负反馈引起不同区域微孔相似度很低(图 2-16A)，以及微弧氧化开始放电时微孔分布总会随着电阻最低的路径沿样品表面不断铺展(图 2-16B)。图 2-16A 是样品中心平整区域的扫描图，微孔分布不会受到样品边缘棱角电场/电流分布的影响。金属处理前经过抛光保证样品中心区域电场分布基本上是均衡的，但通过图 2-16A 可以看出在微观尺度内微孔分布并不均匀。图 2-16A 中 A 区域极有可能是之前放电产生的微孔，其中大量微孔和微裂纹已经被之前融化并冷却凝固后的氧化物以及后续电沉积氧化物封孔并形成"暗区"。而 B 区域可能是新放电产生的微孔，可以看出放电微孔分布发生了转移。这个结果反映了在均匀电场分布下样品沿面电流和放电微孔的分布受制于支配原理而并不均衡。伴随着缺陷微区放电后绝缘产物重构对下一次电流分布的反馈，新旧微孔在不同的区域分布存在一定的差异。图 2-16B 中可以看出在放电瞬间并不是整个样品中心所有区域都会同时放电，放电微孔从一个随机位置向四周蔓延。其中微孔区是已经放电形成的多孔陶瓷层，平整区域是尚未放电的主要以金属无定形氧化物和络合物构成的沉积层。微孔区的氧化膜由于缺陷重构为高阻抗陶瓷相，因而比尚未放电的平整区域具有更高的电阻。

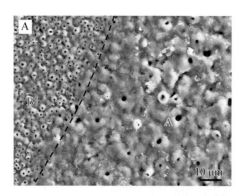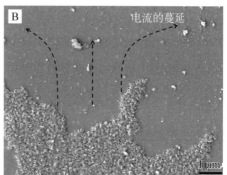

图 2 - 16　放电后氧化膜的表面形貌

（A）A 区域和 B 区域微孔重叠率很低；（B）放电瞬间微孔分布总是随着电阻最低的路径而蔓延。

图 2 - 15 仅列举了两条电阻通道 R_1 和 R_2 放电后物质重构对电流的反馈。事实上陶瓷层中像 R_1 和 R_2 的缺陷通道数量几乎数不尽。如果要描述每个通道的电阻增量对电流的反馈，其复杂性远远不止图 2 - 15 所描述的这么简单。每个微区放电后都会对下一次所有微区电流分布产生反馈。而每个微区放电与之前该微区和所有微区电阻/电流分布都有关，这正是微弧等离子体系统复杂性所在。在微区不断放电不断对电流反馈的过程中，微区电流各尽其职而又相互协调，最终微弧等离子体群在恒定的外界环境下自发涌现出不可预测的有序性，这种有序性也称为自组织。

2.4.3　微弧等离子体自组织的现象学

在揭示微弧等离子体自组织现象时需要控制外界条件恒定，原因是只有外界条件在处理过程中随时间恒定不变才能明确微弧群体内在的演化行为，否则弧斑群体的演化也可以是由于处理过程中外界因素的摄动引起。从样品开始放电的时刻计时，图 2 - 17 是恒定条件下不同时刻 t 所对的弧斑影像和相应陶瓷层中心区域的表面形貌。为了避免样品表面曲率半径对电场分布的影响，将样品表面进行打磨和抛光并获得宏观尺度下光滑的表面（图 2 - 17A'）。

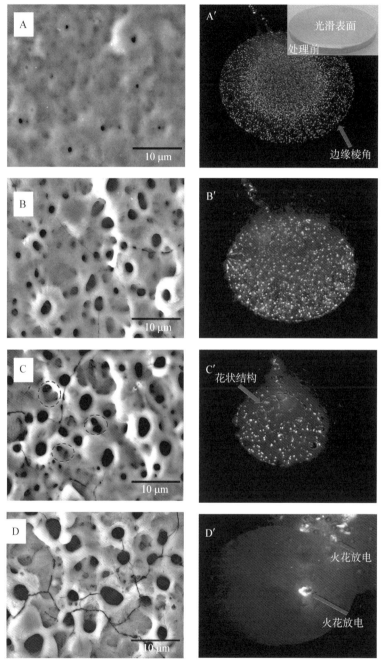

图 2-17 恒定条件下弧斑群体与陶瓷层微孔结构的演化时间 t

(A)&-(A′) 15 s；(B)&-(B′) 70 s；(C)&-(C′) 120 s；(D)&-(D′) 330 s。

通过图 2-17 可以看出处理过程中弧斑群体处于恒定的外部条件,并不存在电极沿面曲率结构和人为摄动的干扰,弧斑群体通过弧斑间相互游动随时间自行发生明显的演化。弧斑时空分布与能量、陶瓷层微孔结构与孔隙率并不处于定常状态,它们在时空分布上呈现出一定的有序性,其中包括弧斑群体的能量有序、结构有序和功能有序。

1. 弧斑群体的能量有序

通过图 2-17A′ 可以看出,放电初期白色弧斑温度接近冷等离子体辉光放电,此时氧等离子体中电子温度很高(10 000 K),但电子和氧气分子/离子的碰撞频率很低,等离子体中氧分子/离子的温度还未明显增加。由于氧分子/离子相比电子具有更高的质量,弧斑热效应主要通过质量更大的氧分子/离子与氧化膜碰撞后传递动能而实现,因此这个阶段微弧等离子体并不具有很高的热效应,膜层在放电前期以阀金属亚稳定和无定形结构为主。随着处理时间增加白色弧斑开始向橘红色弧光放电转变(图 2-17B′,C′)。此时电子与氧气分子/离子的碰撞频率增加,电子将会通过与氧分子/离子不断碰撞而将动能传递给氧分子/离子,电子温度下降到 5 000 K 的同时氧分子/离子温度开始增加到 3 000 K,形成电子和氧分子/离子温度趋向一致的热力学近平衡高温等离子体,此时氧分子/离子温度很高,导致弧斑具有很强的热效应,膜层中阀金属热稳定晶相结构开始增加。而电子动能的减少也会使其与离子复合时辐射出的光子频率由高频白色光向低频红色光波段靠近。当样品处理到后期时弧斑已由微弧状态演化到流光形式的火花放电(图 2-17D′),这时电子温度和氧分子/离子温度已经在局部达到一致的 4 000 K,形成电子和氧分子/离子温度局部一致的热力学平衡高温等离子体——火花放电。火花放电具有很高的温度和压力梯度,并会引起氧化物颗粒飞溅至微孔边缘甚至脱离膜层,火花放电对氧化膜的结构具有破坏作用。

2. 弧斑群体的结构有序

图 2-17A′ 中放电初期 15 s 时弧斑具有微小和密集分布特征。相对应的膜层表面微孔呈尺寸基本在 100 nm~1 μm 的均匀圆孔,微孔分布离散并且稀疏,微裂纹不显著,膜层孔隙率很低(图 2-17A)。随着处理时间增加到 70 s,微小弧斑开始涌现出尺寸较大的弧斑,弧斑密度趋向饱和(图 2-17B′)。弧斑尺寸及尺寸间差异的增加推动了每个微孔尺寸以及微孔尺寸间差异的增加,其中微孔尺寸增加到 1~2 μm,微孔结构出现了不规则圆孔(图2-17B)。随着

处理时间增加到 120 s 时弧斑开始稀疏,弧斑尺寸进一步增加,弧斑间通过联通涌现出有序的"花状"结构(图 2-17C′ 中虚线框内),涌现出的"花状"图案随着每个弧斑的微观游动而沿着样品表面不断宏观运动,此时膜层表面微孔弧斑尺寸增加导致孔隙率和微孔尺寸进一步增加,其尺寸最大达到 4 μm(图 2-17C)。微孔也因弧斑的联通而出现联通孔(图 2-17C 中虚线框内),微孔联通导致膜层具有沟槽结构。随着处理时间增加到后期 330 s 时,弧斑大范围灭亡,仅在样品边缘和阳极连接点的铝丝处出现宏观尺度毫米量级的流光形式火花放电(图 2-17D′)。此时膜层表面微孔尺寸、尺寸间差异和孔隙率也达到最大值,陶瓷层沿面分布着十分显著的微裂纹。

3. 弧斑群体和陶瓷层的功能有序

弧斑群体的结构和能量有序将会直接影响陶瓷层的功能。陶瓷层功能取决于不同的应用背景。例如样品处理后期每个弧斑尺寸的增加提高了膜层微孔面积及相应的孔隙率(图 2-17B,C,D),弧斑联通使陶瓷层出现沟槽状结构(图 2-17C),弧斑能量差距使膜层中积累大量不均衡的残余应力,并造成显著的微裂纹(图 2-17D)。疏松多孔结构、微裂纹和沟槽结构提高了陶瓷层的比表面积。陶瓷层作为载体材料时将有助于提高反应的催化效率。但如果以陶瓷层作为耐腐蚀材料,疏松多孔结构导致外界腐蚀离子更利于通过微孔和内部沟槽溶解氧化膜甚至渗入金属基底引发金属的溶解。与之应用矛盾类似的还有陶瓷层力学性能,弧斑能量的提高将会增加陶瓷层中热稳定晶相结构的含量,有助于提高陶瓷层的硬度和结合力。但是处理后期弧能量和冲击波剧烈增加将会使融化后的氧化物难在凝固时紧密结合,此时陶瓷层表面疏松结构将会在摩擦磨损中产生大量物料磨损。陶瓷层在生长过程中,微弧等离子体时空分布与能量、膜层结构随时间存在着不可逆的方向性,导致陶瓷层要实现不同功能必然存在内部矛盾的相互制约。

4. 弧斑群体存活率和电量利用率

在恒定的外界条件下弧斑群体存活率随时间也会具有方向性。通过图 2-17 可以看出微弧氧化一旦开始放电,弧斑群体将自发经历激增(图 2-17A′)、自持(图 2-17B′)、衰败(图 2-17C′)、灭亡(图 2-17D′)四个过程。弧斑自发衰败将导致微弧氧化处理后期电源利用率急剧下降。因为陶瓷层中将会有更多的微区虽然经过电流,但这些微区的电流达不到放电的临界击穿强度而对陶瓷层的生长无实质作用,反而这些电流将以大量焦耳热的形式耗散到电解液当中。同时微区还会出现反复放电击穿的情况,例如图2-17D′中在样品边缘出现反复击穿的火花放电。弧斑的自发衰败也导致陶瓷层的生长将具有极限厚度。虽然弧斑衰败时提高当前电源电流密度能重新促进弧斑群体由衰败逆转为激增,但是只要随时间增加弧斑群体仍然会二次自发经历激增、自持、衰败、灭亡的过程,并且这个过程的发展相比之前更快。这个结果反映了当外界环境恒定时微弧氧化随时间会存在一个不可逆的方向性,弧斑存活率和电量利用率会越来越低,即使处理时间是无限的,陶瓷层的生长厚度也是有限的。

5. 弧斑群体涌现更为复杂的图案

当电源初始频率设定更高时弧斑群体涌现出了更为复杂的有序图案(图2-18)。这些图案也是在恒定的电场环境下涌现的,样品表面经过打磨抛光因此不存在电极沿面结构的影响。图2-18A中离散的弧斑群体通过联通形成"线状弧"并在样品刻痕附近做自上而下的周期性运动($f=10$ kHz)。图2-18B是在电源初始频率增加到$f=20$ kHz时的放电影像,弧斑群体局部涌现出团簇状结构,团簇状结构以宏观逆时针方向沿样品表面周期运动。上述弧斑群体涌现的图案随时间也不是稳定的,图2-18C是在图2-18B基础上继续增加处理时间,弧斑群体涌现出"花状"更为复杂的图案。"花状"结构并不存在样品沿面几何结构对电场分布的干扰。"花状"图案通过每个弧斑的微观游动而沿着样品表面不断宏观运动。说明在恒定的外界条件下弧斑群体具有"内在"的自组织规律和不可预测性,弧斑间通过游动不断自我协调,在内在支配原理的作用下相互协同并自组织涌现出有序图案。

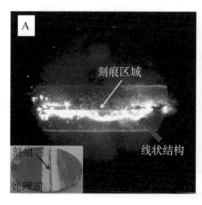
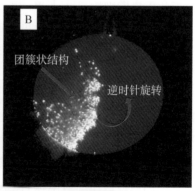

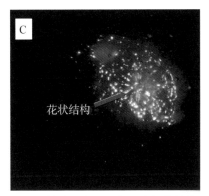

图 2 - 18　微弧等离子体涌现出更为复杂的自组织行为

6. 电场环境对微弧氧化预测上的错误

图 2 - 17A′和图 2 - 18A 中的样品存在边缘棱角和人为刻痕,棱角和刻痕相比其他几何区域具有更小的曲率半径。按照高斯定律棱角刻痕区具有更小的曲率半径及更高的电场强度和电流密度,因此这些区域的弧斑按照预测具有更强的能量和更高的密度。放电初期这些区域相比其他区域确实优先放电。但是随着处理时间的增加放电并未集中发生在这些区域,弧斑反而向样品中心平整区域汇聚(图 2 - 17A′),以及向刻痕后方的平整区域汇聚,甚至离散弧斑联通成"线状"(图 2 - 18A),这些结果与电场环境的预测并不一致。在之前图 2 - 5 电极结构对非平衡态电极反应的不可控性中也证实了相同结果。按照高斯定律阴极针尖所对的样品中心区域具有更高的电场强度和电流密度,样品中心区域的弧斑按照预测具有更高的能量和密度。图 2 - 5 中放电在阴极针尖所对的样品中心区域却更为稀疏,反而中心以外的区域发射密集微小的弧斑。这个结果说明外界电场环境不能直接决定微弧等离子体时空分布与能量,放电后物质重构对电流反馈导致外界电场环境对微弧等离子体时空分布与能量预测上的错误。

微弧等离子体系统是一个不完全受外界电场环境直接决定的系统,每个弧斑的时空分布受到周围其他弧斑的影响,并受制于每次放电后对下一次电流的反馈。微弧等离子体系统最终能够成为自组织系统并具有内在的不可预测性原因总结如下。① 微弧等离子体系统是一个开放系统,电源提供电流对该系统一直做功。因为如果是孤立系统,按照热力学第二定律电流在膜层中的分布总会趋向处处相等的平衡态,不同微区的电阻值和电流强度总会趋向均衡。② 相当多随机的杂质晶界/微裂纹营造了电流分配不均衡的条件,而弧斑因为电流分布的不均衡而在缺陷微区诱发。③ 缺陷微区获得更多的电子通量放电后,自身电导特性会在放电结束后发生改变,并对下一次电流分布带来负反馈,因此可以看作单次放电后对下一次电流提供了一个"信息",使电流下一次经过其他电阻相对较低的微区。微弧等离子体系统中"信息"的微观含义是电流遵循阻力最低原理优先经过电阻率低的缺陷区域,也正是在这个"信息"的无形之手作用下,微弧群体最终在无任何外界控制下涌现出有序性。

满足这三个要素,微弧等离子体系统变成具有"智能"和"自适应"的系统,弧斑相比整个放电介质具有中等数目,并会基于局部弧斑放电后提供的"信息"而在时空分布与能量中发生改变。电子通量与电阻随放电次数存在迭代关系,导致每个弧斑的时空分布与能量随处理时间也存在非线性关系。

2.5 微弧等离子体自组织反应的量化表征

2.5.1 微弧算法模型

自组织模型的思想框架最初由图灵在计算智能化问题中提出,随后冯·诺依曼和乌拉姆改进了通用图灵机并提出元胞自动机思想。元胞自动机最初用于模拟生命系统所特有的自复制现象,是描述自组织过程中的离散动力学模型。元胞自动机是一种思想框架,这种框架是将系统分割成许多无穷小的细胞,虽然每个细胞反应后会对所有细胞带来物质和能量分配的反馈,但只需要研究一个细胞与其周围相邻少量元胞间的反馈关系就可以等价每个细胞反应后会对所有细胞带来物质和能量分配的反馈。即每个细胞更新后的状态由之前该细胞和周围相邻少量细胞间的资源分配关系决定。将氧化膜中的微区等效于细胞,借鉴这种思想可以大大简化大量微区电阻分布的统计学分析。

氧化膜等效为由一系列全等圆柱体形状的微区电阻通道并联构成,每个圆柱体是氧化膜中的微区。如图 2-19 所示微区可以用任何理想化的几何体表示。圆柱体微区可以认为具有足够小的空间尺度并能够反映氧化膜微观电阻分布。

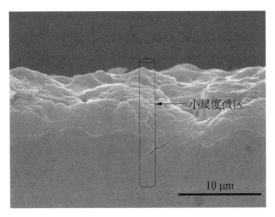

图 2-19　氧化膜截面形貌中的微区

　　微弧等离子体通过氧化膜微区诱发,阳极金属表面被氧化膜包裹,氧化膜存在于电解液和基体金属之间并且是包裹基底金属的无边界封闭曲面(图 2-20)。氧化膜中并联的微区电阻通道数量为 $N \times N$,N 的取值大小反映了氧化膜的整体面积规模和细胞矩阵规模,如图 2-20 所示,X 与 Y 轴围成区域中所包含的圆柱体个数。N 数值越大则细胞矩阵的规模越大,描述微弧等离子体自组织涌现图案的能力越强,或称为图案的分形维度越高。本书目的是揭示微弧氧化动力学规律以及弧斑结构有序的形成机制,因此选择 $N =$ 128 以减少计算机的运算量。N 的取值并不影响细胞矩阵的动力学规律。

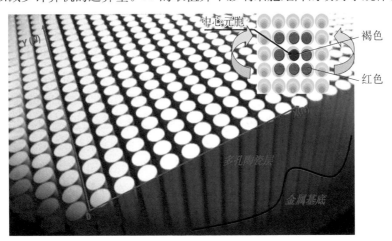

图 2-20　微弧算法的数学模型

取 $N \times N$ 个圆柱体微区的横截面获得由 $N \times N$ 个结点构成的二维平面点阵,其中每一个结点等效于氧化膜中的微区,微区是诱发放电的基本单元。对 $N \times N$ 个结点建立平面直角坐标系,这样每个微区的位置分布可用 (x, y) 直角坐标表示(图 2-20)。首先设定微弧算法的初始状态,这个初始状态正是初始放电时氧化膜的电阻分布状态。考虑氧化膜中杂质颗粒界面和微裂纹等缺陷是离散并且随机分布的。因此,将每个微区赋予不同的电阻值 R_i 并在 $N \times N$ 个微区中随机分配,这样所有微区构成初始电阻分布矩阵就具有随机性。微区矩阵中的微区既包括电阻值 R_i 较高的纯净阀金属氧化物,也包括电阻值 R_i 较低的杂质颗粒和微裂纹。本书统一选择 $\boldsymbol{\Omega} = \{P(R_1 = 2\ \Omega) = 25\%, P(R_2 = 3\ \Omega) = 25\%,$ $P(R_3 = 4\ \Omega) = 25\%, P(R_4 = 5\ \Omega) = 25\%\}$。其中 $\boldsymbol{\Omega}$ 表示初始所有随机微区电阻所构成的样本空间,初始所有微区一共赋予了四个电阻值,分别是 $2\ \Omega$、$3\ \Omega$、$4\ \Omega$、$5\ \Omega$,每种电阻值各占微区总数的 25% 并由计算机随机分配位置。微区电阻分配方式是自由的,例如也可以选择 128×128 种不同的电阻值,然后每种电阻值占微区总数的 1% 并由计算机随机分配位置。不同的分配方式并不影响细胞矩阵的动力学规律,细胞矩阵的动力学规律取决于细胞矩阵的更新规则。

2.5.2 微弧算法的更新

氧化膜中所有微区的初始电阻分布建立之后,放电由这个电阻不均衡的初始状态开始诱发。首先考虑到电源输出的电流强度是有限的,放电的微区是氧化膜中相对电阻低的缺陷区域,因此应先判断哪个微区能够放电。每个 (x, y) 位置的微区可看作中心微区,周围有 8 个微区与其相邻,如图 2-20 中褐色结点作为中心微区,周围有 8 个红色结点的微区与其相邻。Conway 和 Moore 提出了等价原理,即建立每个微区与周围相邻 8 个微区间的电流分配关系和建立每个微区与所有微区间的电流分配关系,其统计学结果是等价的。也就是说,氧化膜中有许多微区,每个微区都可看作由周围相邻 8 个微区所包裹的中心微区。每个中心微区放电后的电阻变化仅由放电前该微区与周围相邻 8 个微区间的电阻/电流分配关系决定。因此,在判断中心微区能否放电时,每个 (x, y) 位置的中心微区与周围相邻的 8 个微区进行电阻值比较,先计算该中心微区电阻值 $R_{(x, y)}$ 加上周围 8 个微区电阻值的算术平均值 $\overline{g}_{(x, y)}$。

由于氧化膜是包裹金属的封闭曲面,所以微区构成的平面点阵必须是封闭的,即不存在边缘效应。而通过图 2-20 可以看出,$(1,y)$,(N,y),$(x,1)$,(x,N) 这四列坐标对应的微区处于氧化膜的边界,边界处的微区是不满足周围存在 8 个相邻微区条件的。例如 $(1,y)$ 这列微区的左侧是没有相邻微区的。因此做如下处理:假设将最右边 (N,y) 这列微区翻卷并填补到 $(1,y)$ 这列微区的左侧(图 2-20)。上下左右边界依次类推,这样每个边界的微区都能通过另一边微区翻卷并填补的处理而满足 8 微区相邻条件。图 2-20 中的二维点阵平面也变成了封闭曲面。

求出每个中心微区与相邻微区的 $\overline{g}_{(x,y)}$ 之后,继续求解中心微区与相邻微区间不均衡度 $\alpha_{(x,y)} = \overline{g} - R_{(x,y)}$,不均衡度 $\alpha_{(x,y)}$ 衡量中心微区相对周围相邻微区的差异程度。如果满足 $\alpha_{(x,y)} < \eta$(η 为一个固定的阈值并且 $\eta > 0$),说明中心微区电阻值 $R_{(x,y)}$ 相比周围微区电阻值差距很小甚至比周围微区电阻值更高(η 为负值),该中心微区被识别为非缺陷区域,其真实组成包含少量杂质颗粒和微裂纹,按照电流分流定律该微区汇聚电流较少而不能放电。反之如果 $\alpha_{(x,y)} \geq \eta$,则表示中心微区电阻值 $R_{(x,y)}$ 相对周围微区很低,该中心微区被识别为氧化膜中的缺陷区域,其真实组成包含大量杂质颗粒和微裂纹,该微区将汇聚更多的电流并诱发放电。在微区放电判据中阈值 η 衡量电源实际提供的电流强度。因为一个微区能否达到放电的临界电流强度除了受到自身与周围微区电阻差异度 α 的影响,也会受到电源输入总电流密度的影响。即使中心微区相对周围微区电阻值很低并能汇聚大量电流,但如果电源输入总电流密度很低,也能使该微区所获得的电流强度达不到临界放电的条件。阈值 η 反映了电源输入的电流密度大小,电源输入总电流密度越小则阈值 η 越大,微区越不容易通过 $\alpha_{(x,y)} \geq \eta$ 条件放电。反之电源输入总电流密度越大则阈值 η 越小,微区越容易通过 $\alpha_{(x,y)} \geq \eta$ 条件放电。如果 (x,y) 位置的微区被识别为能够放电的缺陷微区,那么 (x,y) 位置的微区将按照第三章所揭示的放电机制发生一次放电,放电后该缺陷微区电阻值将会因为氧化物结晶而增加 $\Delta R_{(x,y)}$。

首先通过图 2-21 定性揭示 (x,y) 位置的中心微区单次放电后电阻值更新 $\Delta R_{(x,y)}$ 的过程。(x,y) 位置的中心微区如图 2-21A 中的蓝色微区所示,由于该微区具有更多的微裂纹,因此相比周围相邻的红色微区具有更低的电阻值(图 2-21B)。该微区将会汇聚更多的电流而放电,但电流并不会经过图 2-21B 微区中任何一处,而是会主要汇聚在该微区中的微裂纹处(图 2-21B 中红色虚线),并在微裂纹处借助杂质能级形成丝状电流,如图 2-21C 中红色通道所示。丝状电流会诱发大量气体和后续沿面放电,也就是说微裂纹本质上构建了一个小尺度的高温高压场,高温高压场具有极高温度和压力,因此高温高压场将会融化微裂纹。微裂纹的融化量由高温高压场的温度 T 和电源脉宽 D_{on} 的积分决定,如红色丝状电流通道中的黑色虚线所反映的融化量(图 2-21C)。微裂纹融化后将会在电解液的作用下冷却凝固,微裂纹的结晶量由电解液温度 T_0 和脉宽间隔 D_{off} 的积分决定,如图 2-21C 中的黄色虚线所表示最终的结晶量。由于微裂纹相比纯净的阀金属晶体氧化物可看作良导体,因此最终微裂纹的凝固量和相应结晶产物的电阻率决定了整个 (x,y) 位置的微区放电后所变化的电阻 $\Delta R_{(x,y)}$,接下来对 $\Delta R_{(x,y)}$ 进行定量分析。

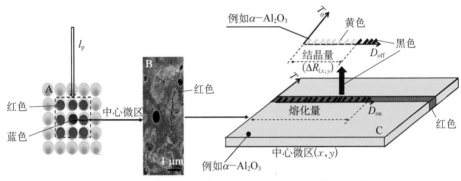

图 2-21 中心微区单次放电后 $\Delta R_{(x,y)}$ 的计算示意图

计算 $\Delta R_{(x,y)}$ 需要考虑如下过程:将 (x,y) 位置的微区和周围相邻的 8 个微区共同看作一个子系统(图 2-21A),流经这 9 个微区的总电流强度等效于电源提供的总电流密度 I_p。首先计算 (x,y) 微区实际获得的电流强度,根据电流分流定律,I_p 和差异度 $\alpha_{(x,y)}$ 共同决定通过 (x,y) 微区的实际电流 $I_{(x,y)}$。$\alpha_{(x,y)}$ 数值越高说明 (x,y) 微区相比周围微区具有更低的电阻值,因此 (x,y) 微区将会获得更多的电流。同时 I_p 越高 (x,y) 微区也会因为总电流密度的提高而获得更多的电流。理论上可通过 $I_{(x,y)}$ 按照第三章中的放电机制计算出 (x,y) 位置微区的放电温度 T,但是 $I_{(x,y)}$ — T 的定量关系式求解十分困难,因为 $I_{(x,y)}$ 诱发等离子体经过丝状电流击穿和气体碰撞电离两个过程。$I_{(x,y)}$ 越高则丝状电流强度、热电子发射量和气体浓度越高,电子与气体分子的碰撞频率越高,电子会将更多的动能传递给等离子体中的氧分子/离子,由于氧分子/离子相比电子具有更大的质量,因此氧分子/离子温度的增加将导致放电具有更高的热效应 T。结合等离子的温度 T 和做功时间(脉宽 D_{on})可以计算 (x,y) 位置微区中微裂纹的融化量(图 2-21C 中黑色条纹区域),最后通过脉宽间隔 D_{off} 计

算出融化后的微裂纹的凝固量(图2-21C中黄色条纹区域),并在相应结晶产物电阻率 ρ 下求出微裂纹结晶后的总电阻值及对应的 $\Delta R_{(x,y)}$。按照上述推理, (x,y) 位置的缺陷微区在单次放电后 $\Delta R_{(x,y)}$ 和 $\alpha_{(x,y)}$ 存在一个数学关系。即

$$\Delta R_{(x,y)} = f(I_p, D_{on}, D_{off}, \rho, \alpha_{(x,y)}) \qquad (2-14)$$

求解公式(2-14)准确的解析式是十分困难甚至是不可能的,其复杂性主要来自两个方面。一方面是通过电源提供的总电流密度 I_p 和 $\alpha_{(x,y)}$ 计算 (x,y) 位置微区所获得的实际电流 $I_{(x,y)}$。因为真实情况 (x,y) 位置微区的电流不仅仅与周围8个相邻微区电阻有关,而是与整个庞大的微区电阻分布都有关,因此要通过欧姆定律准确计算出 (x,y) 位置微区的实际电流是几乎不可能的。另一方面来自放电温度的计算,即使计算出了实际电流 $I_{(x,y)}$,再推算放电温度也十分复杂。按照第三章所描述的,首先需要通过 $I_{(x,y)}$ 计算出丝状电流的强度和热效应,再由丝状电流的强度和热效应计算出热电子发射量,继而通过等离子体理论统计出电子温度和氧分子/离子温度,现有理论甚至还不能获得这些过程的精确解。因此对公式(2-14)采用 n 元函数泰勒公式一阶近似处理,并且外界因素 $(I_p, D_{on}, D_{off}, \rho)$ 被认为是恒定不变的,公式(2-14)经过近似处理可写成:

$$\Delta R_{(x,y)} = g(I_p, D_{on}, D_{off}, \rho) \cdot \alpha_{(x,y)} \qquad (2-15)$$

需要说明的是公式(2-15)中 I_p, D_{on}, D_{off} 是关于电源参数的物理量,这些物理量可以通过电源设定而恒定不变。微裂纹的结晶产物包含可能的 α-Al_2O_3,β-Al_2O_3,γ-Al_2O_3,无定型 Al_2O_3,络合物,甚至微裂纹结晶后还会引入新的杂质晶界和微裂纹。ρ 是这些产物加权后的结果,会随着这些物质含量的变化而变化。但只要金属基底和电解液组分不变,ρ 可认为是近似恒定的。

公式(2-15)中将 $(I_p, D_{on}, D_{off}, \rho)$ 替换为 k,即 $k = g(I_p, D_{on}, D_{off}, \rho)$。其中比例系数 k 称为反馈系数,用以衡量微区单次放电后对下一次电流分布和强弱的反馈程度,其数值由 $I_p, D_{on}, D_{off}, \rho$ 决定。k 定义为缺陷微区在与相邻8个微区单位不均衡度下单次放电后的电阻增量,即 $k = \Delta R_{(x,y)}/\alpha_{(x,y)}$。其中 $\alpha_{(x,y)}$ 表示该微区与周围相邻微区间的电阻差异度,即 $\alpha_{(x,y)} = \overline{R} - R_{(x,y)}$。

图2-22给出了反馈系数定义上更为通俗的描述,其中中心微区具有四段微裂纹,而周围相邻的8个微区具有三段微裂纹。由于中心微区相比周围微区多了一段微裂纹而具有更低的阻值,电流将会在中心微区汇聚得更多并

引发放电。因一段微裂纹差异引起中心微区放电,放电后中心微区如果有一段微裂纹凝固结晶,则 $k=1$。如果有两段微裂纹凝固结晶,则 $k=2$。如果有 1.5 段微裂纹凝固结晶,则 $k=1.5$,以此类推。同理按照上述方法可将中心微区微裂纹任意分割成 ω 段,而周围相邻微区中的微裂纹为 $\omega-p$ 段,由于中心微区的微裂纹比周围相邻微区多了 p 段而优先放电,放电后引起中心微区中 $\omega_s(\omega_s<\omega)$ 段微裂纹凝固结晶,则定义反馈系数 $k=\omega_s/p$。

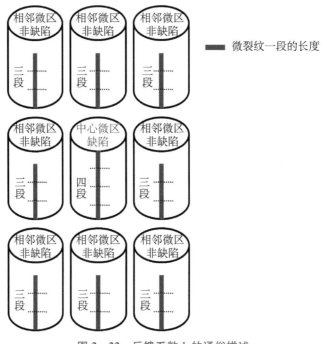

图 2-22 反馈系数 k 的通俗描述

通过 $k=g(I_p, D_{on}, D_{off}, \rho)$ 可以看出,影响 k 值的外界因素分别是总电流密度 I_p,单次放电内电源做功时间(脉宽 D_{on} 和脉宽间隔 D_{off})以及结晶产物电阻率 ρ。当 $\alpha_{(x,y)}$ 不变时单次放电后 $\Delta R_{(x,y)}$ 越高相应 k 值越大。I_p 是强度因素,I_p 提高了气体和等离子体的温度 T,I_p 增加导致微裂纹的融化速率和最终 $\Delta R_{(x,y)}$ 相应增加。D_{on} 和 D_{off} 是时间因素,D_{on} 和 D_{off} 的增加将会导致微裂纹的融化量和凝固量增加,进而导致最终 $\Delta R_{(x,y)}$ 相应增加。ρ 是物质自身属性因素,由基底金属、电解液和等离子体类型等因素共同决定。如果电解液对结晶产物具有一定的溶解,将引起 ρ 下降,例如溶液中添加氯离子,氯离子将与阀金属反应生成可溶于水的氯化物。基底金属如果是非阀金属,例如铁生成的铁氧体将会具有很低的电阻率,这些因素都会给 ρ 带来非常明显的影响。微弧氧化中能够影响到 I_p,D_{on},D_{off},ρ 这些条件的外界因素都将间接影响 k 的取值。综上所述,I_p,D_{on},D_{off},ρ 的增加会导致 k 值的增加,反之亦然。在这些影响因素中电解液温度 T_0 这个影响因素需要被注意到。理论上电解液温度 T_0 越低导致微裂纹的凝固速率越高并对应 $\Delta R_{(x,y)}$ 增加,但事实上电解液温度由于水分子的沸点,微裂纹融化后都可以看作在相应极低的温度下发生凝固。而电解液温度 T_0 主要影响 ρ,因为电解液温度越高则阀金属氧化物被 OH^- 溶解的程度则越高,导致 ρ 下降。

微弧算法从微区电阻分布的初始状态开始,每一次先判断哪个微区能够放电,对于能够放电的微区电阻值按照 $\Delta R_{(x,y)}=k \cdot \alpha_{(x,y)}$ 进行更新,这样就能够通过计算机获得每个微区电阻值随放电次数 n 的动力学曲线。

2.6 微弧等离子体自组织反应的反馈系数

2.6.1 电流在阳极中的分布远离平衡态($k>3.3$)

通过微弧算法可知,如果氧化膜的初始电阻分布 $E_0(\alpha)$ 是确定的,k 值和放电次数 n 也是确定的,那么 $E(\alpha)$ 也是确定的。$E_0(\alpha)$,k 和 n 是 $E(\alpha)$ 动力学中的三个要素。但由于微裂纹和杂质颗粒初始是随机分布的,因此氧化膜初始电阻分布 $E_0(\alpha)$ 不可能被准确测量,也就是说计算不同放电次数下 $E(\alpha)$ 的准确值从原则上说是不可能的。但 $E(\alpha)$ 随放电次数的曲线规律并不受初始电阻分布 $E_0(\alpha)$ 的影响,因此接下来主要研究 k、n 和 $E(\alpha)$ 三者间的关系。本节微弧算法所得的所有曲线和图案统一了如下参数:① 初始电阻分布 $E_0(\alpha)$,$\boldsymbol{\Omega}=\{P(R_1=2 \ \Omega)=25\%,P(R_2=3 \ \Omega)=25\%,P(R_3=4 \ \Omega)=25\%,P(R_4=5 \ \Omega)=25\%\}$,即给初始不同微区赋予 $2 \ \Omega$、$3 \ \Omega$、$4 \ \Omega$、$5 \ \Omega$ 共四个不同的电阻值,不同电阻值各占 25%,然后在微区矩阵中随机分配位置,这些随机分布的微区电阻值共同构成了样本空间 $\boldsymbol{\Omega}$。② 氧化膜微区数量为 $N \times N$,另 $N=128$ 统一氧化膜面积规模。

通过图 2-23 可以看出,当 $k>3.3$ 时,$E(\alpha)$ 随放电次数 n 幂律增加,此时氧化膜中微区电阻分布不均衡程度以幂律的方式非线性增加,导致电流在阳极中的分布越来越不均衡,并且随着 k 增加,$E(\alpha)$ 随放电次数 n 幂律增加的速率加剧。这个结果说明电阻分布的不均衡程度随放电次数并不是线性增加的,相同差异度 α 下微区单次放电后电阻增量越多(k 值越高),微区放电对下一次电流反馈程度越高,则电流在阳极中的分布向不均衡的远离平衡态发展的速率越快。

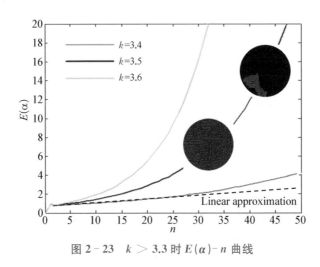

图 2-23 $k>3.3$ 时 $E(\alpha)$-n 曲线

1. 弧斑能量有序的形成机制

当 $k>3.3$ 时,电流在阳极中远离平衡态分布过程中,由于电流在膜层中分布不均衡加剧,弧斑能量也会根据电流越来越不均衡而加强,缺陷微区将会获得更多的电流并导致放电温度有序增加(弧斑能量有序)。等离子体按照热力学划分为三种:① 完全热力学平衡等离子体。等离子体中电子温度 T_e、离子温度 T_i 和气体分子温度 T_g 完全相等,即 $T_e = T_i = T_g > 10\ 000$ K。完全热力学平衡的高温等离子体具有极高的热效应并主要分布在宇宙中,例如太阳中的等离子体。② 局部热力学平衡等离子体。等离子体由于边界效应导致电子温度 T_e、离子温度 T_i 和气体分子温度 T_g 局部难以完全相等,这种等离子体具有局部很高的热效应,$T_e \approx T_i \approx T_g$($3\ 000 \sim 4\ 000$ K),例如局部弧光放电。③ 热力学非平衡态等离子体。在这种等离子体中电子具有极高的温度($> 10\ 000$ K),而离子和气体分子的温度却接近室温。这种等离子体具有较低的热效应,例如辉光放电对半导体材料的刻蚀。

当 $k>3.3$ 时,缺陷区域的电流随着 $E(\alpha)$ 的增加而增强并产生越来越高的热效应,使缺陷微区溢出更多来自液体热分解和氧化后产生的气体。气体不能及时脱离固液界面导致大量气体分子在缺陷表面处短时内聚集,最终形成分子浓度 n_g 越来越高的局部高压气隙膜。考虑到等离子体中电子与气体分子的碰撞频率 $\gamma = n_g \cdot \sigma \cdot v_e$,其中 σ 表示气体分子的碰撞截面,v_e 表示电子相对气体分子的运动速率,v_e 由样品表面局部电场强度决定。阳极产生的气体类型始终以氧气为主,因此气体分子碰撞截面 σ 可认为始终是恒定的。在电源输入总电流强度恒定的条件下,等离子体中电子和气体分子的碰撞频率 γ 会随着电流密度和 n_g 的增加而升高。碰撞频率 γ 的增加导致电子将更多动能传递给等离子体中的氧气分子/离子。电子将动能向氧分子/离子传递导致电子温度 T_e 将会降低,氧气分子/离子的温度随之升高。最终电子、氧离子和氧分子温度将趋于一致,从而形成局部热力学平衡的高温氧等离子体。文献实验检测到电子温度随时间的变化规律与本书理论分析是一致的。考虑到等离子体中电子和离子的复合将会辐射光子,电子温度 T_e 由于碰撞频率的升高而降低,导致辐射出的光子频率随之降低,弧斑颜色从白色光向频率更低的红色光转变。等离子体形成初期由于电阻在氧化膜中分布的差异性还不显著,微区电流强度还比较均衡,从而局部缺陷热电子发射量和气隙膜的压强较低,样品表面首先经历了"光晕"状态的冷等离子体辉光放电过程。这个过程微弧还没有形成,等离子体中电子温度(7 000~8 000 K)远高于氧分子/离子温度。伴随着 $E(\alpha)$ 的增加,缺陷区域电流强度因电阻分布不均衡而加剧,等离子体迅速从辉光放电过渡到微弧放电。等离子中氧分子/离子的温度持续增加而电子温度持续降低。处理后期随着 $E(\alpha)$ 的剧烈增加缺陷区域电流强度持续增强,微区热电子发射量和气隙膜压力的增加导致微小弧斑中涌现出"大弧",等离子体进入弧光放电阶段,此时氧分子/离子温度已经和电子温度(5 000 K)比较接近。最终电流将会被某个缺陷区域几乎垄断,此时氧离子/分子温度将增加到与电子温度局部持平(4 000 K)并出现"流光"形式的火花放电,微弧等离子体最终演化成局部热力学平衡的高温等离子体。

2. 弧斑结构有序的形成机制

弧斑结构有序的特征是细小弧斑中涌现大尺寸弧斑,弧斑尺寸间差异增加和弧斑的联通引起膜层微孔尺寸、微孔尺寸间的差异、孔隙率相应增加及沟槽结构的出现。当 $E(\alpha)$ 增加时,电流在阳极氧化膜中的分布越来越不均衡,有些缺陷微区电流强度伴随着 $E(\alpha)$ 的增加而增强,导致该区域热电子发射量也将急剧增加,气泡被热电子碰撞电离的概率就越高,因此等离子体的尺寸将会增加。而有的微区获得的电流会更少,引起热电子发射量下降,进而导致等离子体尺寸下降。可以看出,弧斑中大弧的涌现是由电流分布在能量上的有序引起的。弧斑群体通过联通将会导致膜层微孔出现沟槽状的不规则结构,弧斑联通也会形成更为复杂的结构,例如礼花状结构以及线状结构。弧斑群体结构有序的形成机制如图 2-24 所示。

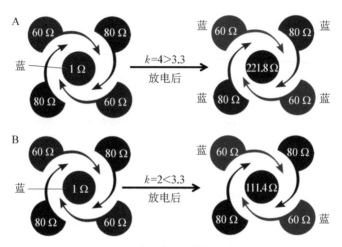

图 2-24　弧斑联通结构的形成机制

图 2-24 中每个圆形代表氧化膜中的微区,其中蓝色表示放电微区,其他颜色表示未放电的微区,中心微区由四个相邻微区包裹。初始状态:中心微区电阻值为 1 Ω,周围四个相邻微区电阻值分别为两个 60 Ω 和两个 80 Ω,中心与周围四个相邻微区的电阻平均值 $\bar{R}=56.2$ Ω。由于周围四个相邻微区的电阻值均高于 56.2 Ω,因此都不能放电,仅中心微区低于 56.2 Ω,将汇聚更多的电流而放电。根据 $\alpha=\bar{R}-R_{中心}$ 可求出中心微区与周围四个相邻微区间的电阻差异度 $\alpha=55.2$ Ω。按照 $\Delta R=k\cdot\alpha$,当 $k=4$ (>3.3)时,该微区放电后 $\Delta R=220.8$ Ω。原 1 Ω 的中心微区放电后实际电阻达到 221.8 Ω,放电后该中心微区与周围相邻四个微区的电阻平均值 $\bar{R}=100.36$ Ω,下一次放电时周围相邻四个微区的电阻值都低于电阻平均值 $\bar{R}=100.36$ Ω 而均可放电。相邻四个微区均能放电导致弧斑联通的可能性急剧增加。反之,当 $k=2$(<3.3)时,该微区放电后根据 $\Delta R=k\cdot\alpha$ 可得 $\Delta R=110.4$ Ω。这样计算后的原电阻值为 1 Ω 的中心微区放电后实际电阻达到 111.4 Ω,放电后该中心微区与周围相邻四个微区的电阻平均值 $\bar{R}=78.08$ Ω,下一次放电时只有相邻四个微区中

60 Ω 的微区由于小于电阻平均值 $\bar{R}=78.08$ Ω 而能够放电,而大于平均值 $\bar{R}=78.08$ Ω 的 80 Ω 微区不能放电,弧斑联通的可能性很低,导致微区放电具有离散分布的特征。弧斑群体结构有序的形成机制正是由于电阻/电流分布远离平衡态($k>3.3$)而实现的,k 的取值对弧斑结构有序具有决定性作用。

3. 陶瓷层生长动力学

初期放电会与沉积层相互作用。微弧氧化放电初期电流在沉积层中的分布还比较均衡,缺陷微区诱发的放电并不具有很高的能量(辉光放电阶段)。氧化物颗粒被气体/等离子体融化后并不会被高气压迅速冲散。当融化的氧化物颗粒凝固时会保持较高的结合力,放电气孔也不会很大,微裂纹也不会因应力不均而明显。初期比较均匀的电流分布状态决定了陶瓷层最初过渡层的生长。需要考虑的是最初过渡层并不一定最致密,其原因是过渡层外表面紧邻电解液,过渡层外表面氧化物融化后凝固时会向低温电解液方向收缩,温度梯度引起的内外应力差对过渡层致密性带来不利影响。而通常过渡层生长的时间又很短,这两个因素导致过渡层的致密性会有一定程度的下降。

电流分布随着处理时间越来越不均衡,缺陷微区汇聚的电流开始增加,这些较强的电流使放电从辉光放电进入微弧放电阶段。气体/等离子体此时具有一定的温度和压力。微孔尺寸相比过渡层有所增加,同时热稳定相结构的氧化物也随之增加,这个阶段放电将承担致密层的生长。致密层也是陶瓷层力学性能、耐腐蚀性最重要的一环。其原因是致密层包含亚稳定、热稳定状态的晶相结构和非晶相结构,晶相/非晶相结构对陶瓷层的绝缘性、结合力、硬度、耐摩擦磨损性和耐腐蚀性有极大的提高。同时致密层中微孔结构、孔隙率、微裂纹比较适中,不会因为放电能量过高导致膜层过于疏松影响力学和耐腐蚀性。因此致密层的厚度和结构是整个陶瓷层性能的支点。致密层生长过程中部分缺陷微区汇聚更多的电流,必然牺牲另一部分微区的电流,这些更多的低电流微区将继续承担过渡层的生长,甚至有些更弱的微区电流由于达不到临界放电强度而以焦耳热的形式耗散到电解液中,电源能耗开始增加。

当微弧氧化进入处理后期,电阻分布非线性幂律增加,电流分布处于极不均衡的状态。此时仅有少量微区具有很强的电流,这些很强的电流使微放电进入弧光放电甚至火花放电。气体/等离子体此时具有相当高的温度和压力。氧化物颗粒融化后将会迅速被等离子体冲击波冲散,甚至直接被剥离到电解液中。此时陶瓷层具有疏松多孔的结构,冷却凝固的陶瓷小颗粒溅射在微孔周围,微裂纹由于残余应力的极不均衡而十分显著。这个阶段的放电将承担陶瓷层后期疏松层的生长。疏松层对陶瓷层力学和耐腐蚀性具有不利影响。在疏松层的形成过程中，个别缺陷微区具有很高的电流甚至垄断，而绝大多数微区具有更低的电流强度，这些低电流微区诱发的柔放电将继续促进致密层和过渡层的生长，甚至大量达不到临界击穿电流的微区将不断释放焦耳热，电源能耗在处理后期急剧增加。伴随着电流分布远离平衡态，陶瓷层从金属基底由内到外生长，依次为过渡层、致密层和疏松层，陶瓷层生长过程与电流分布远离平衡态过程息息相关。5.2.2 将会结合实验详细讨论陶瓷层的生长与结构。

4. 陶瓷层生长与调控原理

陶瓷层的生长伴随着电流分布远离平衡态，陶瓷层的生长速率和微孔结构本质上是由电流分布远离平衡态的速率和时间共同决定。因此陶瓷层生长速率和微孔结构调控本质上是：① 控制电流分布远离平衡态的速率；② 控制处理时间。由微弧算法可知，I_p、D_{on}、D_{off}、ρ 的增加会导致 k 值的增加，反之亦然。当 $k > 3.3$ 时，k 值越低电流分布远离平衡态的速率越低，微区电流向不均衡分布进程变得缓慢，放电/气体能量的增速下降，微弧等离子体群将存活更长的时间。在相同处理时间内陶瓷层也将具有更高的结合力和致密度，微孔尺寸和尺寸间差异不会增加得更明显，电量利用率下降的速率也会得到缓解。但陶瓷层微孔尺寸、微孔尺寸间差异、孔隙率、电量损耗等这些参量随处理时间总会增加，因为不论取何 k 值，维持 $E(\alpha)$ 稳态的放电次数是有限的。当 $k > 3.3$ 时，k 值越高电流分布远离平衡态的速率越高，微区电流不均衡分布迅速加剧，放电/气体能量的增速提高，整个微弧氧化过程放电将经历更短的时间开始衰败，相同处理时间内陶瓷层将具有更疏松的结构。

2.6.2　电流在阳极中的分布趋向平衡态($k < 3.3$)

通过图 2-25 可以看出，当 $k < 3.3$ 时，$E(\alpha)$ 随放电次数 n 整体上表现出一个近似钟形曲线的规律。$E(\alpha)$ 激增后迅速幂律衰减，此时氧化膜中不同微区电阻分布趋向均衡，电流在阳极中的分布趋向平衡态。在 $k < 3.3$ 基础上随着 k 的减小，$E(\alpha)$ 衰减的速率加剧。这也说明相同电阻差异度下，缺陷微区单次放电后电阻值增量越小（反馈系数 k 越低），微区放电对下一次电流分布反馈程度越低，则电流在阳极中向平衡态发展的速率越快。电流在阳极中向

平衡态发展将引起弧斑群体迅速消亡。因为微放电通过氧化膜中大量的缺陷微区诱发,当电流因不同微区电阻分布的均衡而被均散时,会导致每个微区都很难达到放电的临界击穿电流强度。弧斑群体迅速衰败也导致陶瓷层难以通过弧斑群体的持续作用实现均匀生长。当阳极中的微区电阻分布趋向均衡时,阳极表面电场分布将成为电流分布的唯一决定因素。按照高斯定律,样品曲率半径或极间距离较小区域的电场强度和电流密度将更高,因此电流分布趋向平衡态时可以通过合理的电极结构使微弧等离子体选区诱发,并通过外界电场分布直接控制微弧等离子体的能量。

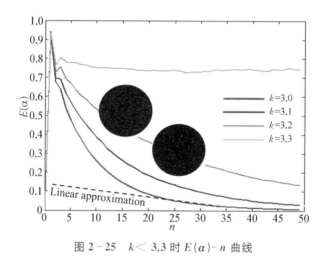

图 2-25　$k < 3.3$ 时 $E(\alpha)$-n 曲线

平衡态从理论上揭示微弧氧化技术将出现一种全新的技术应用,即人们可以自定义设计样品沿面不同的几何结构实现微弧等离子体的选区诱发并对等离子体能量进行精确控制,在恒定的外界条件下微弧等离子体的时空分布与能量也将处于定常状态。例如图 2-26 中的样品沿面刻痕具有更高的电场强度/电流密度。当刻痕突起区域发生放电后,虽然仍然存在自身电阻变化后对其他平整区域电流的反馈,但当反馈效应很低($k < 3.3$)时平整区域和刻痕区域中的微区电阻值很快又相互均衡(图 2-26)。因此,即使存在放电对电流分布的不断反馈,样品所有微区电阻分布仍然可以近似认为总是均衡的。对于微区电阻分布总是均衡的氧化膜,阳极曲率半径所影响的电场分布将成为决定电流分布和强弱的唯一因素。如图 2-26 中刻痕处电场分布较强,放电锁定在刻痕区域后会始终固定,电场分布对放电时空分布和能量可以进行精

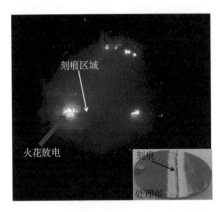

图 2-26　微弧等离子体平衡态下阳极
刻痕对放电分布的影响

确预测,而并不会出现电流分布远离平衡态时外界环境对微放电带来错误的预测。外界电场分布处于恒定时放电时空分布与能量也处于定常状态。

不仅仅样品沿面凹凸结构可以对微放电选区诱发,按照高斯定律样品沿面阴阳极间距离较小的区域也会具有更高的电场强度。如之前平衡态电极反应的图2-4中特意设计的针尖状阴极,阴极针尖所对的样品中心区域相比周围其他区域具有更小的极间距离(10 mm)和更高的电场强度/电流密度。当中心区域发生放电后虽然仍然存在自身电阻变化后对周围区域电流的反馈,但由于反馈效应很低($k<3.3$),中心区域和周围区域中的微区电阻值很快又相互均衡。因此即使存在中心区域放电后对电流分布的不断反馈,样品所有微区电阻分布仍然可以近似认为总是均衡的。对于微区电阻分布总是均衡的氧化膜,极间距离所调控的电场分布将成为决定电流分布和强弱的唯一因素。阴极针尖所对的样品中心处电场分布较强,放电锁定在中心区域后会始终固定,电场分布对放电时空分布和能量可以进行精确控制和预测。

理论上样品沿面曲率半径或极间距离即使存在微纳米量级的差异也会对电流和放电的时空分布带来明显的影响。当电流分布处于平衡态时通过电极结构对样品不同区域电场强度调控,将能够直接决定不同区域中微弧等离子体的时空分布与能量。可控的微放电为电极材料的微细加工和陶瓷层的自定义生长提供了思路,也使微弧等离子体从真正意义上可以比肩传统等离子体的稳定性与可控性。此时微弧等离子体相比传统等离子体(辉光/弧光放电)具有的特点和优势可以充分发挥:① 微弧等离子体相比辉光放电具有更高的热力效应;② 微弧等离子体相比弧光放电具有微纳米量级甚至更小尺度的空间分布;③ 微弧等离子体时空分布和能量可以通过电场环境直接、精确并稳定控制,这也是非平衡态微弧氧化技术不具备的;④ 微弧等离子体选区诱发对于电极结构具有微纳米量级的几何分辨精度;⑤ 微弧等离子体达到4 000 K的高温和20~50 MPa的高压使得高熔点的超强高硬金属基陶瓷和半导体材料都易于微细加工。

2.6.3　微弧等离子体中的行为临界点($k=3.3$)

1. 微弧系统的失稳与方向性

$k=3.3$ 是微弧系统中电流在阳极中分布远离平衡态($k>3.3$)或趋向平衡态($k<3.3$)的行为临界点。当 $k=3.3$ 时 $E(\alpha)$ 数值处于上下略有起伏的稳态(图 2-25),间接导致弧斑与微孔结构的时空分布与能量也将随着 $E(\alpha)$ 达到一个稳态。但事实上 $k=3.3$ 也只能使 $E(\alpha)$ 在放电次数 50 次以内处于稳态。当放电次数超过 50 次后 $E(\alpha)$ 将失稳并呈现幂律增加的趋势。图 2-27A 利用微弧算法精确计算,当 k 逼近 3.292 时,$E(\alpha)$ 维持稳态所对应的放电总次数越多,即越难失稳。$k=3.291$ 或 $k=3.293$ 时 $E(\alpha)$ 约在放电次数 $n=600$ 步失稳。$k=3.292$ 时 $E(\alpha)$ 约在放电次数 $n=1\,100$ 步失稳。从这个结果可以看出微弧系统的失稳时间与 k 值存在一定关系。

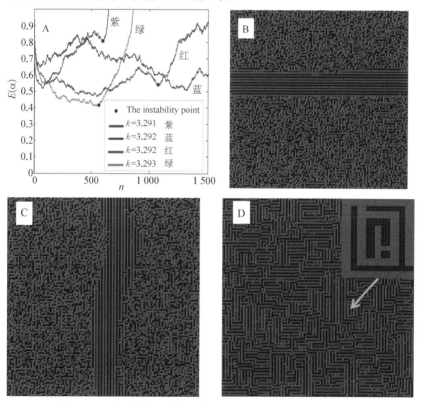

图 2-27　微弧等离子体系统稳态条件与失稳后弧斑的有序

k 值并不是决定 $E(\alpha)$ 稳态时间的唯一因素。通过图 2-27A 中 $k=$ 3.292 对应的两条 $E(\alpha)$ 曲线可以发现,在相同 k 值下初始电阻分布的随机性导致红色与蓝色的 $E(\alpha)$ 曲线并不完全重合,它们各自对应的失稳时间也不相同。红色 $E(\alpha)$ 曲线大约在 $n=1\,200$ 时出现了失稳和幂律增加的趋势,而蓝色 $E(\alpha)$ 曲线约在放电次数 $n=1\,600$ 时失稳。这个结果说明了失稳时间不但与 k 值有关,与初始电阻分布的随机性也有关。由于初始氧化膜中电阻缺陷分布的随机性,在相同 k 值下 $E(\alpha)$ 的动力学曲线并不能完全重合,因此失稳时间原则上是无法确定的。上述分析说明微弧氧化系统是一个随机性与规律性并存的系统。其规律性由反馈系数 k 值决定,随机性由初始微区电阻分布的随机性决定。即使逼近 $k=3.292$ 并增加小数点位数使微弧系统处于稳态的时间增加,微弧系统似乎仍然会失稳。通过微弧算法计算验证,到 $k=3.2919$ 时微弧系统约在放电次数 $n=10\,000$ 时失稳。根据玻尔兹曼通过统计力学角度对热力学第二定律给予的解释,初始电阻分布的随机性总会打破系统的稳态,但这个问题的原因目前尚未彻底清楚。微弧算法中计算机只能直接取不同的 k 值进行验证,无法通过方程的方式反过来求解 k 值,因此对于是否存在一个 k 值使 $E(\alpha)$ 永远处于稳态目前仍不能论证。通过图 2-27A 可以看出 $E(\alpha)$ 失稳后呈现幂律增加的趋势,即电流在阳极中向远离平衡态分布。上述分析结果表明不论取多合适的 k 值,只要处理时间足够长,$E(\alpha)$ 确实会由于氧化膜中初始电阻分布的随机性而失稳。

当 $E(\alpha)$ 失稳并幂律增加后,电流在阳极中向远离平衡态发展。伴随着电流分布越来越不均衡,虽然少量微区能够汇聚更多的电流,但是在总电流恒定有限的条件下,越来越多的微区达不到临界击穿电流强度,最终导致弧斑衰败并灭亡。在弧斑衰败并灭亡的过程中越来越多的微区电流强度下降,这些电流会以焦耳热的形式耗散到电解液中,导致电量利用率在处理后期急剧下降,而电解液在处理后期急剧升温。处理后期陶瓷层生长也会缓慢并最终在弧斑全部灭亡时达到极限厚度。当电流在阳极中的分布趋向平衡态时,微区电阻的均衡和电流的均散导致经过不同微区的电流迅速衰减,这些微区达不到临界击穿电流强度,因此弧斑群体难以形成。弧斑最终锁定在曲率半径和极间距离较小的区域,这是微弧氧化趋向平衡态时的极限结果。

微弧氧化在恒定的外界条件下最终难以维持稳态，$E(\alpha)$ 失稳导致微弧氧化动力学随时间总会存在一个不可逆的方向。弧斑群体总会衰败导致微弧氧化总会向电量利用率越来越低的方向发展，即使处理时间是无限的，陶瓷层的生长厚度也是有限的。

2. 远离平衡态是有序之源

通过图 2-27B，C 可以看出当 $E(\alpha)$ 随放电次数失稳并幂律增加后，弧斑群体会从无序中突变出有序图案。（注：图 2-27 中弧斑演化图案由微弧算法计算得到，其中红色点代表放电点，黑色点代表未放电点。）弧斑群体涌现出的有序图案由于氧化膜初始电阻分布的随机性并不能被 k 值完全预测。例如图 2-27B 中出现弧斑群体联通成线状并自上而下周期性滑翔，也出现图 2-27C 中弧斑群体联通成线状并自左向右周期性滑翔。在图 2-27C 的基础上继续增加放电次数 n 使 $E(\alpha)$ 随放电次数幂律增加，随着微弧系统被推向偏离平衡态更远的位置，弧斑群体涌现出了更多具有自相似结构的复杂图案（图 2-27D）。这个结果反映了弧斑群体在没有外界控制下涌现出有序图案的根本原因是电流分布远离平衡态，并且这种有序结构随 $E(\alpha)$ 失稳具有突变性。电流分布远离平衡态越远则涌现的有序结构越复杂。这个结果与普利高津研究远离平衡态系统所建立的耗散结构理论取得了一致。即由简单个体组成的群体通过自组织涌现有序时系统处于远离平衡态，初始电阻分布的随机涨落和反馈系数 $k>3.3$ 是有序性涌现的必要条件。

陶瓷层表面微孔是电流汇聚点（缺陷微区）诱发放电作用下的产物。图 2-27B，C，D 中的条纹结构是弧斑群体宏观尺度的行为。由于弧斑具有微米量级尺度，因此并不会对膜层微孔的微观分布带来影响。但如果电流汇聚点诱发的不是放电微孔而是颗粒沉积，例如微弧氧化前期高阻抗电沉积膜层生长过程中，电流汇聚点（缺陷微区）诱发的焦耳热使阀金属络合物经过热化学反应生成稳定的阀金属氧化物，由于阀金属氧化物颗粒沉积的尺度在纳米量级，因此颗粒沉积过程中如果伴随电流分布远离平衡态将产生条纹阵列结构。我们在微弧氧化前期沉积层的生长过程中捕捉到了这种情况，其中图 2-28A 是沉积层生长的最初形貌（$t=9$ s），无序的条纹是样品打磨抛光产生的细微划痕。随着处理时间的增加颗粒沉积所产生的有序条纹开始出现并越来越明显，这种有序条纹排列规则，甚至气体溢出的气孔也排列成线状（图 2-28B，C，D）。

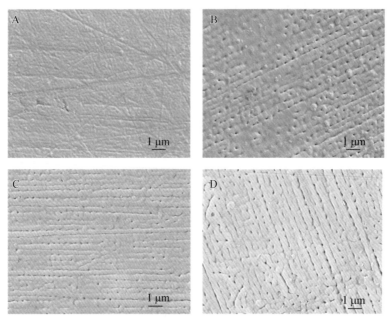

图 2-28　微弧氧化前期沉积层生长过程中条纹阵列结构的自组织涌现

　　沉积层生长过程中所出现的条纹阵列结构并不受到电极表面结构和人为因素的扰动。条纹阵列结构自组织产生本质上和微弧氧化过程分享了相同的机制。当沉积层中电流由于缺陷微区的存在而处于非平衡态时,缺陷微区由于电流的汇聚而产生大量焦耳热和气体,电流汇聚点促进了高阻抗阀金属氧化物在热化学作用下形成,由于阀金属氧化物的绝缘性电流下一次仍然会自发通过其他电阻值较低的缺陷区域。在电流分布远离平衡态的过程中颗粒沉积所形成的条纹阵列结构便会自组织涌现。当沉积层的宏观电阻和电流分布远离平衡态达到一定阈值时,微弧等离子体会在非平衡态电流分布下诱发。

2.7　阀金属表面氧化物原位生长与剥离

2.7.1　反馈系数的调控

由公式 $k=(I_p,D_{on},D_{off},\rho)$ 可知,反馈系数由电流密度 I_p,单次放电内电源

做功时间 D_{on} 和 D_{off}，结晶产物电阻率 ρ 决定。ρ，I_p，D_{on} 和 D_{off} 的增加都会导致 k 值增加。如果明确这些参量与 k 值的定量关系，就能实现不同 k 值所对应的微弧氧化动力学规律。由于氧化膜中微区数目庞大及气体电子学统计计算的复杂性，求解 $k = (I_p, D_{on}, D_{off}, \rho)$ 准确的解析式十分复杂甚至是不可能的。在明确 k 值影响因素的基础上，通过 k 与 I_p，D_{on}，D_{off}，ρ 的单调性关系并借助实验得到 I_p，D_{on}，D_{off}，ρ 对 k 调控的经验规律。这里仅给出频率与反馈系数间的调控原理。单个弧斑经过有限时间 Δt_0（毫秒/微秒量级）自生自灭，缺陷微区的微裂纹经过熔化并在电解液作用下冷却结晶后，缺陷区域电阻值比放电前相应增加 ΔR_0，对应反馈系数 k_0。k_0 是缺陷微区在自然熔化并结晶后所对应的反馈系数最大值。当脉冲功率电源作用后，单脉冲通电时间 D_{on} 可以调控单次放电的存活时间 Δt 并改变缺陷微区的融化量，进而实现对 ΔR 和 k 值的调控。同理 D_{off} 可以调控缺陷微区熔化后在电解液作用下的凝固量，实现对 ΔR 和 k 值的调控。

D_{on} 和 D_{off} 对 k 值的控制原理如图 2-29 所示。其中红色长度表示单次放电自然时间 Δt_0 对应缺陷通道电阻增量 ΔR_0，脉宽 D_{on} 小于单次放电自然存活时间 Δt_0 后，例如脉宽从蓝线左移到黄线处导致 D_{on} 越短，更窄脉宽使单次放电存活时间更短，缺陷区域熔化量的减少造成结晶量的下降导致 ΔR 减小并对应更低的 k 值。同理脉宽从蓝线右移到黄线处导致 ΔR 增加并对应更高的 k 值。D_{on} 调控只能在单次放电自然灭亡的时间 Δt_0 内进行调控，如果 D_{on} 大于单次放电自然灭亡的时间 Δt_0，D_{on} 的增加将不会对 k 值产生影响。也就是说，当脉宽较大时，调节脉宽对微弧氧化的动力学不会产生影响。同理脉宽间隔 D_{off} 也只能在熔化后的氧化物自然凝固时间内进行调控，当 D_{off} 大于熔化区域自然凝固的时间后，D_{off} 的增加将不会对 k 值产生影响。说明 D_{on} 和 D_{off} 对 k 值的调控存在一个上限 k_0，这也是许多文献报道当 D_{on} 和 D_{off} 很大的时候，D_{on} 和 D_{off} 对微弧氧化动力学规律、陶瓷层微孔结构、陶瓷层生长方式影响并不显著的原因。脉宽和脉宽间隔通过改变缺陷微区单次放电后的熔化量和凝固量调控 k 值。考虑到脉冲电源的占空比 $D = D_{on}/(D_{on}+D_{off})$，其中 $D_{on}+D_{off}$ 是一个脉冲的周期，可得到 $D_{on} = D/f$，$D_{off} = (1-D)/f$。在占空比 D 不变的条件下，通过对频率 f 的调控可以实现 D_{on} 和 D_{off} 同时增加或减小进而实现对 k 值的调控。f 增高则 D_{off} 和 D_{on} 同时减小，缺陷微区更少的熔化量和凝固量导致更小的 ΔR 和 k。f 是调控 k 的一个因素，其本质上是对单次放电内电源做功时间的调控。通过频率对反馈系数的调控实现对电流远离平衡态分布速率及陶瓷层生长速率和微结构的调控。

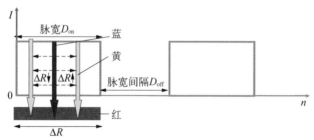

图 2 – 29　脉宽和脉宽间隔对 k 值调控原理示意图

2.7.2　陶瓷层生长与微结构

图 2–30 是不同频率下微孔密度和结构随处理时间的统计动力学曲线。其中包括陶瓷层微孔密度 ρ、微孔平均面积 $E(S)$、面积间方差 $D(S)$ 以及孔隙率 K。陶瓷层微孔结构反映了气体和弧斑的作用能量,而气体和弧斑的能量本质上由电流分布不均衡程度决定。陶瓷层微孔结构与弧斑时空分布和能量并不完全对应,虽然微孔的形成是通过气体/弧斑这个小尺度高温高压场作用力实现的,但是陶瓷层表面微孔也可能包含之前放电所形成的微孔。本书关心的是电流分布和微弧氧化的动力学规律。因此通过微孔结构的演化规律表征电流分布的演化规律。

通过图 2–30A 中微孔密度动力学曲线可以看出,当电源频率 $f < 10\ \mathrm{kHz}$ 时,微孔密度经过激增—自持—衰败—灭亡四个自发过程。微孔密度 ρ 在初期 50 s 左右时间内迅速上升,在 70 s 后现小幅下降,120 s 后缓慢下降并在 330 s 后随着弧斑群灭亡而停止变化。微孔密度的演化总时间约在电源实际通电总时间 330 s 内完成,微孔密度随着频率的升高变化速率有所下降。

当 $f < 10\ \mathrm{kHz}$ 时,陶瓷层微孔平均面积 $E(S)$、面积间方差 $D(S)$ 以及孔隙率 K 在 120 s 内呈现幂律增加的趋势。120 s 后 $E(S)$、$D(S)$ 和 K 持续增加,但增加速率随着 120 s 后弧斑的衰败而减缓。$E(S)$,$D(S)$ 和 K 的幂律增加反映了电流在氧化膜中的不均衡程度也是以非线性幂律增加的方式进行的,说明 $f < 10\ \mathrm{kHz}$ 对应电流在氧化膜中的分布远离平衡态($k > 3.3$),微区通过对电流的不断竞争实现陶瓷层的均匀生长。此时陶瓷层微区中的电阻/电流分布不均衡度非线性增加,间接引起弧斑平均温度、弧斑平均尺寸、弧斑温度和尺寸间方差,弧斑覆盖率幂律增加。最终引起陶瓷层微孔平均面积

$E(S)$、面积间方差 $D(S)$ 以及孔隙率 K 呈现幂律增加。这些参量幂律增加的速率将随着频率的升高而降低，也就是说相同处理时间下，当 $f < 10 \text{ kHz}$ 时频率越高陶瓷层微孔平均面积 $E(S)$、面积间方差 $D(S)$ 以及孔隙率 K 越低，陶瓷层越致密。频率越高 k 值越低，电流分布远离平衡态的速率下降。图 2 - 30 和电流远离平衡态分布规律还表明恒定的外界条件下微孔结构总会按照图 2 - 30A，B，C，D 中所示的动力学规律而幂律演化，说明微孔结构随着电流远离平衡态分布总会具有一个方向性。

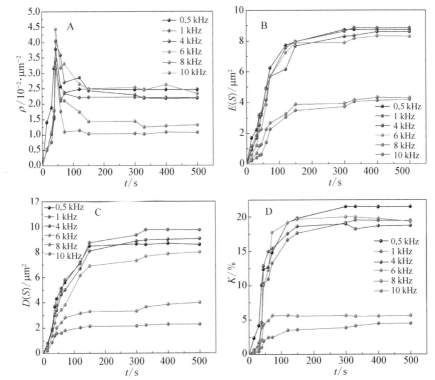

图 2 - 30　$f < 10 \text{ kHz}$ 时相同占空比不同频率下陶瓷层微孔密度、微孔面积、微孔面积间方差和孔隙率的演化规律

2.7.3　阀金属陶瓷层的剥离

通常微弧氧化技术应用中被处理的样品具有十分复杂的几何结构。其中可能包括机械螺纹形貌、机械齿轮形貌，甚至在金属样品制备过程中总会存在

难以避免的毛刺和划痕。样品表面的不同几何结构区域具有不同的阴阳极间距离和曲率半径。按照高斯定律理论上样品表面更小的曲率半径和阴阳极间距离处具有更高的电场强度和电流密度，进而导致这些区域将会对微放电的时空分布与能量、微孔结构、陶瓷层生长速率和均匀性产生潜在影响。但事实上通常微弧氧化技术中电流分布处于远离平衡态（$f < 10\ kHz, k > 3.3$），微区电阻分布越来越不均衡。虽然刻痕处更小的曲率半径和针尖处更小的阴阳极间距离导致放电初期在这些区域优先发生，但这些区域中微裂纹等缺陷放电后结晶将会导致这些区域的电阻值增加，而其他尚未放电的区域电阻值相对更低。随着不同区域电阻值间差异的加剧和电流总是优先经过电阻最低的路径，相对电阻低的区域对电流的自发吸引将会超过曲率半径和阴阳极间距离对电流分布的控制。放电时空分布和能量将主要受到内在的电流自反馈机制的影响，放电总会不断自发寻找电阻最低的路径并使陶瓷层最终均匀生长。远离平衡态正是微弧氧化具有实用性的重要原因，人们不必对样品进行特别预处理。样品即使存在毛刺、刻痕和油污等物理化学缺陷，以及不规则曲面形状结构，陶瓷层最终都能实现均匀生长。如图 2 - 31 所示，刻痕和针尖点所对的区域仍然与其他区域具有几乎相同的微孔分布和结构。

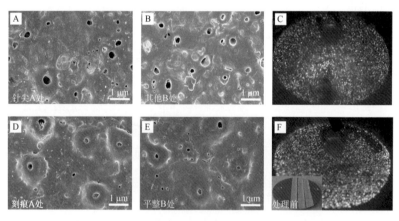

图 2 - 31　极间距离和曲率半径对微孔结构的影响

远离平衡态非常有利于不规则样品表面陶瓷层的均匀生长，但难以实现电场环境对不同区域电流密度、放电时空分布和能量、陶瓷层生长速率、微孔结构和孔隙率的精确可控，更难以使微弧等离子体比肩传统等离子体的精确可控，并使微弧等离子体这种特有的时空分布在等离子体与材料加工领域得到更广阔的应用空间。平衡态微弧氧化能够克服远离平衡态微弧氧化所具有的局限。电流的迅速均散导致每个微区均达不到放电的临界电流密度,弧斑群体也会出现迅速衰败并灭亡。电流分布趋向平衡态的过程并不适合阳极金属表面均匀陶瓷化。但如果人为自定义设计不同曲率半径和极间距离的电极结构,那么这些特殊结构区域具有不同的电场强度并能对微弧等离子体进行选区诱发。当氧化膜微区电阻分布趋向均衡时,外界电场分布就成为决定电流分布的唯一条件。平衡态微弧氧化能够实现远离平衡态所不具备的技术应用,例如实现金属沿面微细加工、图案加工以及陶瓷层生长的自定义设计。平衡态揭示了微弧氧化所具有潜在的新的应用,并提供了一种诱发微纳米量级高温等离子的方法,传统等离子体并不具备微弧等离子体特有的时空分布与能量特性。平衡态微弧氧化诱发的微弧等离子体相比弧光放电具有更小尺度的空间分布(微纳米量级),相比辉光放电具有更高的热效应($3\,000 \sim 4\,000$ K)。

1. 平衡态微弧氧化与陶瓷层生长自定义的设计

平衡态微弧氧化技术的核心是在 $k < 3.3$ 条件下使微区电阻分布趋向均衡,外界电场分布成为决定电流分布的唯一因素。这样放电时空分布与能量就能够精确控制并预测。如图 2-32 所示利用针尖状阴极结构对放电进行控制。按照高斯定律,图 2-32 中阴极针尖所对的样品中心区域相比其他区域具有最小的阴阳极间距离。可以看出当初始电源频率设定到 50 kHz($k < 3.3$)时阴阳极间距离对放电时空分布和能量带来了显著的影响。在样品阴阳极间距离最小的中心区域,弧斑呈现橘红色高温弧光放电,中心区域相应具有更大的微孔尺寸和孔隙率。而中心区域以外的区域呈现白色的低温辉光放电,该区域具有更小的孔径尺寸和孔隙率。在 $k < 3.3$ 条件下微区电阻分布将趋向均衡,微区电阻从初始不均衡趋向均衡需要经历一定的弛豫时间,$E(\alpha) - n$ 曲线中存在 $E(\alpha) = 0$ 的水平渐近线。这个结果说明当 $k < 3.3$ 时氧化膜中的电流分布大部分时间处于近平衡态,虽然阴极针尖所对的样品中心点具有相对较高的电场强度和电流密度,但其他区域仍然能够借助微区电阻间微弱的不均衡而诱发柔放电,柔放电以能量较低的白色辉光放电形式存在。随着处理时间的增加,微区电阻分布将越来越趋向均衡,因此这些区域的微放电将随着电流的均散而最终消失并出现如图 2-32 所示的流光形式的火花放电。电场分布此时将完全决定放电的时空分布与能量。利用微区电阻分布近平衡态过程陶瓷层仍然能够实现生长。

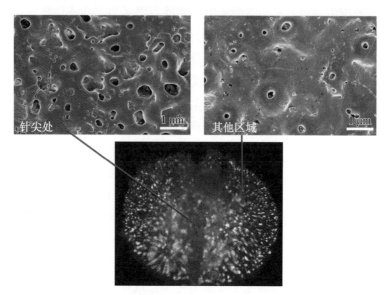

图 2‑32　针尖状阴极结构与陶瓷层生长自定义设计

人们可以通过调控阴极针尖的移动方式、针尖距离样品中心的距离、总电流密度等因素控制样品不同区域的电场强度和电流密度,实现微弧等离子体在不同区域的时空分布与能量、陶瓷层不同区域的生长速率、微孔结构、孔隙率以及最终陶瓷层自定义生长的设计。

2. 平衡态微弧氧化与陶瓷层剥离

平衡态微弧氧化本质上实现了微弧等离子体时空分布与能量能够被电场环境精确可控,其潜在应用还包括可实现阳极材料的微细加工。

我们特别将样品表面通过钻床刻出 4 条刻痕(图 2‑33)。按照高斯定律样品沿面刻痕处相比其他平整区域具有更小的曲率半径,因而具有更高的电场强度,并且曲率半径相比极间距离对电场分布的影响更显著,因此曲率半径更容易实现对放电的唯一选区诱发。如图 2‑33 中当 $k<3.3$, $f=50$ kHz 时,微区电阻分布趋向均衡并且放电仅被固定在样品沿面的刻痕处,而其他区域均未出现柔放电。放电不会始终固定在刻痕处的同一位置,当放电固定在图 2‑33 中的 A 点后,如果电源提供较高的总电流密度,A 点处的放电将会具有很高的温度梯度和压力梯度,A 点处的氧化物熔化后将会迅速被等离子体冲击波冲散到电解液当中。因此 A 点的氧化物被剥离导致刻痕出现缺口(图 2‑33),此时 A 点刻痕由于被等离子体剥离后出现缺口而变得平整,其他尚未

剥离的刻痕处将具有相对更强的电场强度并引起放电的转移,最终放电总会沿着具有小曲率半径的尖端刻痕而不断转移并实现所有刻痕的平整剥离。通过控制总电流密度调控放电的能量和剥离速率,合理的脉宽和脉宽间隔控制氧化物融化后的剥离量,平衡态微弧氧化将能够实现例如氧化铝陶瓷层的超强高硬陶瓷材料毫米/微米尺度,甚至可能的纳米尺度抛光。通过合理的电极结构设计也不难实现半导体材料的微细加工。

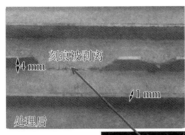

图 2 - 33　平衡态微弧氧化与陶瓷层的剥离

参考文献

[1] Parfenov E V,Yerokhin A,Nevyantseva R R,et al.,Towards Smart Electrolytic Plasma Technologies:An Overview of Methodological Approaches to Process Modelling [J].Surface & Coatings Technology,2015,**269**:2 - 22.

[2] 杨靖.大功率微弧氧化脉冲电源的研制及铝合金表面处理工艺的研究[D].北京:北京邮电大学,2012.

[3] 郭惠霞.镁合金微弧氧化膜电化学腐蚀行为及机理研究[D].兰州:兰州理工大学,2014.

[4] 赵玉峰.微弧氧化电流脉冲电源及其负载电气特性的研究[D].哈尔滨:哈尔滨工业大

学,2010.

[5] Cheng Y L, Mao M K, Cao J H, et al. Plasma Electrolytic Oxidation of an Al-Cu-Li Alloy in Alkaline Aluminate Electrolytes: A Competition Between Growth and Dissolution for the Initial Ultra-Thin Films [J]. Electrochimica Acta, 2014, **138**: 417 – 429.

[6] Kim D, Sung D, Lee J, et al. Composite Plasma Electrolytic Oxidation to Improve the Thermalradiation Performance and Corrosion Resistance on an Al Substrate [J]. Applied Surface Science, 2015, **357**: 1396 – 1402.

[7] Lu S F, Lou B S, Yang Y C, et al. Effects of Duty Cycle and Electrolyte Concentration on the Microstructure and Biocompatibility of Plasma Electrolytic Oxidation Treatment on Zirconium Metal [J]. Thin Solid Films, 2015, **596**: 87 – 93.

[8] Vahid D, Li L B, Shoesmith D W, et al. Effect of Duty Cycle and Applied Current Frequency on Plasma Electrolytic Oxidation (PEO) Coating Growth Behavior [J]. Surface & Coatings Technology, 2013, **226**: 100 – 107.

[9] Li Q B, Liang J, Liu B X, et al. Effects of Cathodic Voltages on Structure and Wear Resistance of Plasma Electrolytic Oxidation Coatings Formed on Aluminum Alloy [J]. Applied Surface Science 2014, **297**: 176 – 181.

[10] Gao Y H, Yerokhin A, Pargenov E, et al. Application of Voltage Pulse Transient Analysis during Plasma Electrolytic Oxidation for Assessment of Characteristics and Corrosion Behaviour of Ca- and P-containing Coatings on Magnesium [J]. Electrochimica Acta, 2014, **149**: 218 – 230.

[11] Aliofkhazraei M, Rouhaghdam A, Sabouri E. Effect of Frequency and Duty Cycle on Corrosion Behavior of Pulsed Nanocrystalline Plasma Electrolytic Carbonitrided CP – Ti. [J]. Journal of Materials Science, 2008, **43**: 1624 – 1629.

[12] Nomine A, Martin J, Henrion G, et al. Effect of Cathodic Micro-discharges on Oxide Growth During Plasma Electrolytic Oxidation (PEO) [J]. Surface & Coatings Technology, 2015, **269**: 131 – 137.

[13] Rakoch A G, Gladkova A A, Zayar L, et al. The Evidence of Cathodic Micro-discharges During Plasma Electrolytic Oxidation of Light Metallic Alloys and Micro-Discharge Intensity Depending on pH of the Electrolyte [J]. Surface & Coatings Technology, 2015, **269**: 138 – 144.

[14] Troughton S C, Nomine A, Dean J, et al. Effect of Individual Discharge Cascades on the Microstructure of Plasma Electrolytic Oxidation Coatings [J]. Applied Surface Science, 2016, **389**: 260 – 269.

[15] Mi T, Jiang B, Liu Z, et al. Plasma Formation Mechanism of Microarc Oxidation [J].

Electrochimica Acta，2014，**123**：369 - 377.

[16] Zhu L J，Guo Z X，Zhang Y F，et al. A Mechanism for the Growth of a Plasma Electrolytic Oxide Coating on Al[J]. Electrochimica Acta，2016，**208**：296 - 303.

[17] Baratin N，Meletis E I，Fard F G，et al. Al_2O_3 - ZrO_2 Nanostructured Coatings Using DC Plasma Electrolytic Oxidation to Improve Tibological Properties of Al Substrates [J]. Applied Surface Science，2015，**356**：927 - 934.

[18] Liu C，He D L，Qin Y，et al. An Investigation of the Coating/Substrate Interface of Plasma Electrolytic Oxidation Coated Aluminum[J].Surface & Coatings Technology，2015，**280**：86 - 91.

[19] Arunnellaiappan T，Babu K，Krishna L R，et al. Influence of Frequency and Duty Cycle on Microstructure of Plasma Electrolytic Oxidized AA7075 and the Correlation to Its Corrosion Behavior[J]. Surface & Coatings Technology，2015，**280**：136 - 147.

[20] Marinina G I，Vasilyeva M S，Lapina A S，et al. Electroanalytical Properties of Metal-oxide Electrodes Formed by Plasma Electrolytic Oxidation [J]. Journal of Electroanalytical Chemistry，2013，**689**：262 - 268.

[21] Lu X P，Mohedano M，Blawert C，et al. Plasma Electrolytic Oxidation Coatings with Particle Additions-A Review [J]. Surface & Coatings Technology，2016，**307**：1165 - 1182.

[22] Sarbisher S，Sani M A F，Mohammadi M R. Study Plasma Electrolytic Oxidation Process and Characterization of Coatings Formed in an Alumina Nanoparticle Suspension[J]. Vacuum，2014，**108**：12 - 19.

[23] Stojadinovic S，Vasilic R，Radic N，et al. The Formation of Tungsten Doped Al_2O_3 / ZnO Coatings on Aluminum by Plasma Electrolytic Oxidation and Their Spplication in Photocatalysis[J]. Applied Surface Science，2016，**377**：37 - 43.

[24] Esmaily M，Svensson J E，Fajardo S，et al. Fundamentals and Advances in Magnesium Alloy Corrosion[J]. Progress in Materials Science，2017，**89**：92 - 19.

[25] Lu X P，Schieda M，Blawert C，et al. Formation of Photocatalytic Plasma Electrolytic Oxidation Coatings on Magnesium Alloy by Incorporation of TiO_2 Particles [J]. Surface & Coatings Technology，2016，**307**：287 - 291.

[26] Sun M，Yerokhin A，Byahkova M Y，et al，Mattews A. Self-healing Plasma Electrolytic Oxidation Coatings Doped with Benzotriazole Loaded Halloysite Nanotubes on AM50 Magnesium Alloy[J]. Corrosion Science，2016，**111**：753 - 769.

[27] Lu X P，Blawert C，Huang Y D，et al. Plasma Electrolytic Oxidation Coatings on Mg Alloy with Addition of SiO_2 Particles[J]. Electrochimica Acta，2016，**187**：20 - 33.

[28] Vatan H N, Kahrizsangi R E, Asgarani M K. Structural, Tribological and Electrochemical Behavior of SiC Nanocomposite Oxide Coatings Fabricated by Plasma Electrolytic Oxidation (PEO) on AZ31 Magnesium Alloy[J]. Journal of Alloys and Compounds, 2016, **683**: 241 - 255.

[29] Gunduz K, Oter Z C, Tarakci M, et al. Plasma Electrolytic Oxidation of Binary Mg-Al and Mg-Zn Alloys[J].Surface & Coatings Technology, 2017, **323**: 72 - 81.

[30] Wang Y, Yu H J, Chen C H, et al. Review of the Biocompatibility of Micro-arc Oxidation Coated Titanium Alloys[J]. Materials and Design, 2015, **85**:640 - 652.

[31] Teng H P, Yang C J, Lin J F, et al. A Simple Method to Functionalize the Surface of Plasma Electrolytic Oxidation Produced TiO_2 Coatings for Growing Hydroxyapatite. Electrochimica Acta, 2016, **193**: 216 - 224.

[32] Rundev V S, Lukiyanchuk I V, Vasilyeva M S, et al. Aluminum and Titanium Supported Plasma Electrolytic Multicomponent Coatings with Magnetic, Catalytic, Biocide or Biocompatible Properties[J].Surface & Coatings Technology, 2016, **307**: 1219 - 1235

[33] Belkin P N, Kusmanov S A, Zhirov A V, et al. Anode Plasma Electrolytic Saturation of Titanium Alloys with Nitrogen and Oxygen[J]. Journal of Materials Science & Technology, 2016, **32**: 1027 - 1032.

[34] Durdu S, Usta M, Berken A S. Bioactive Coatings on Ti6Al4V Alloy Formed by Plasma Electrolytic Oxidation [J]. Surface & Coatings Technology, 2016, **301**: 85 - 93.

[35] Babaei M, Dehaghanion C, Vanaki M. Effect of Additive on Electrochemical Corrosion Properties of Plasma Electrolytic Oxidation Coatings Formed on CP Ti under Different Processing Frequency[J]. Applied Surface Science, 2015, **357**: 712 - 720.

[36] Krzakata A, Skuzai K, Widziotek M, et al. Formation of Bioactive Coatings on a Ti-6Al-7Nb Alloy by Plasma Electrolytic Oxidation [J]. Electrochimica Acta, 2013, **104**: 407 - 424.

[37] Yerokhin A, Parfenov E V, Matthews A. In Situ Impedance Spectroscopy of the Plasma Electrolytic Oxidation Process for Deposition of Ca- and P-containing Coatings on Ti[J]. Surface & Coatings Technology, 2016, **301**: 54 - 62.

[38] Franz S, Perego D, Marchese O, et al. Photoactive TiO_2 Coatings Obtained by Plasma Electrolytic Oxidation in Refrigerated Electrolytes[J]. Applied Surface Science, 2016, **385**: 498 - 505.

[39] Lukiyanchuk I V, Rudnev V S, Tyrina L M. Plasma Electrolytic Oxide Layers as

Promising Systems for Catalysis[J]. Surface & Coatings Technology, 2016, **307**: 1183 - 1193.

[40] Wang H D, Liu F, Xiong X B, et al. Structure, Corrosion Resistance and in Vitro Bioactivity of Ca and P Containing TiO_2 Coating Fabricated on NiTi Alloy by Plasma Electrolytic Oxidation [J]. Applied Surface Science, 2015, **356**: 1234 - 1243.

[41] Babei M, Dehghanian C, Babaei M. Electrochemical Assessment of Characteristics and Corrosion Behavior of Zr-containing Coatings Formed on Titanium by Plasma Electrolytic Oxidation [J]. Surface & Coatings Technology, 2015, **279**: 79 - 91.

[42] Stojadinovic S, Vasilic R, Radic N, et al. Zirconia Films Formed by Plasma Electrolytic Oxidation: Photoluminescent and Photocatalytic Properties[J]. Optical Materials, 2015, **40**: 20 - 25.

[43] Chen S S, Wu J J, Tu J X, et al. Effect of Plasma Electrolytic Oxidation Treatmenton the Mechanical Properties of a Zr-Cu-Ni-Ti-Al Bulk Metallic Glass[J]. Materials Science & Engineering A, 2016, **672**: 32 - 39.

[44] Sandhyarani M, Prasadrao T, Rameshbabu N. Role of Electrolyte Composition on Structural, Morphological and In-vitro Biological Properties of Plasma Electrolytic Oxidation Films Formed on Zirconium [J]. Applied Surface Science, 2014, **317**: 198 - 209.

[45] Nestler K, Bottger-Hiller F, Adamitzki W, et al. Plasma Electrolytic Polishing-an Overview of Applied Technologies and Current Challenges to Extend the Polishable Material Range [J]. Procedia CIRP, 2016, **42**: 503 - 507.

[46] Parfenov E V, Farrakhov R G, Mukaeva V R, et al. Electric Field Effect on Surface Layer Removal During Electrolytic Plasma Polishing [J]. Surface & Coatings Technology 2016, **307**: 1329 - 1340.

[47] Zeidler H, Bottger-Hiller F, Edlmann J, et al. Surface Finish Machining of Medical Parts Using Plasma Electrolytic Polishing [J]. Procedia CIRP, 2016, **49**: 83 - 87.

[48] Jiang Y N, Liu B D, Zhai Z F, et al. A General Strategy Toward the Rational Synthesis of Metal Tungstate Nanostructures Using Plasma Electrolytic Oxidation Method [J]. Applied Surface Science, 2015, **356**: 273 - 281.

[49] Nomine A, Troughton S C, Nomine A V, et al. High Speed Video Evidence for Localised Discharge Cascades During Plasma Electrolytic Oxidation[J]. Surface & Coatings Technology, 2015, **269**: 125 - 130.

第三章　等离子体状态的电化学调控原理

3.1　等离子体状态的电化学调控

等离子体电化学系统中阴阳极间施加高压脉冲形成合适的电场特性,理论上可产生与传统电化学完全不同的如下反应(图3-1):① 开始阳极表面因负电性离子放电析出气体,形成足以阻挡负电性离子与阳极表面直接接触的紧密包裹的气隙膜;② 如脉冲电压足以使被气隙膜隔离的负电性离子持续放

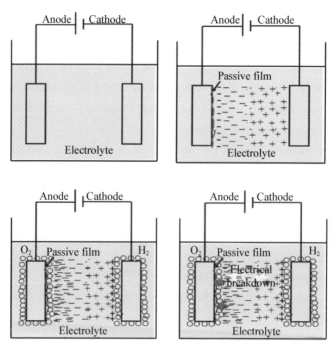

图3-1　等离子体电化学形成过程

出电子并经阳极表面击穿气隙膜传输至外电路,则电子穿过气隙膜时必然与气体原子发生碰撞,足够强度与频次的碰撞将会使气隙膜内形成等离子体,传递电子呈丝状电流;③ 此时等离子体具有强电场和温度场,强电场加速电子形成丝状电流的高能电子注入表面极化点,温度场引起超声速膨胀转换为应力场产生指向阳极表面等离子体超声波空化;④ 因丝状电流注入极化点而产生的电阻热加热熔融形成微熔熔池,同时完成电子传输,且在涡旋超声波空化应力下沿微熔池边缘喷涌;⑤ 等离子体超声波空化趋向两种结果,一种是涡旋应力场作用于高凝聚性生成物的金属表面,则形成尺寸不同的嵌套火山状微孔,另一种是涡旋等离子体应力场空化低凝聚性生成的金属表面,则发生剥离研磨,使得表面发生精密精整加工过程;⑥ 以上过程的稳态丝状电流即可在阳极表面构建出等离子体超声波空化共存随机选择的在传统电化学领域未曾涉及的电动力学和流体力学现象。归纳以上理论分析可得出:借助气隙膜的形成,在阳极表面存在丝状电流电阻热、等离子体温度场转变为应力场、超声波空化剥离研磨等物理化学现象。

因此,在阳极表面构建出强辉弱弧丝状电流的可调控电场环境,借助涡旋流体动力学和电动力学,利用等离子体温度场和应力场产生的能量驱动,通过数学物理模拟的方法,有望解决微弧氧化陶瓷层致密化和高合金精密零件的精密精整的共性难题。所以,利用等离子体电化学这一交叉学科进行知识创新有科学意义。

3.1.1　等离子体电化学物理

调控脉冲电源电压幅值、频率、上升沿和占空比达到一定值,气固界面沿面均匀分布的非稳态云团状辉光聚缩为非连续离散分布的稳态丝状电流微弧团簇,随粗糙微观表面凸凹的演变,形成自反馈和自组织迁移,随机离散分布沿面,呈现出微弧团簇自迁移运动的现象,这种小至微纳米尺度的小团簇称为微弧。弧斑团簇沿面密集分布,密度分布状态可幂率增减调控,弧斑可小至纳米尺度,弧斑与电极表面电子态耦合,借助表面弛豫层和重构层原子场微观电容差异,在表面态和共振动作用下或发生物质重构,或发生物质转移,或形成新物质,在时空上微弧团簇由随机分布的丝状电流组成,在电流波形上表现为高重复频率纳秒脉宽非连续丝状电子流,这就是丝状电流。

这里纳米尺度是小的概念,丝状是电子通量强度的概念。一方面,丝状电流提供的能量不超过某类材料形成能及分离能,只能回落到材料表面,使得材料表面成膜或生长。另一方面,丝状电流提供的能量不仅满足某种材料的形成所需能量,还能引发弛豫层和重构层原子激烈震荡,获得巨大的能量而熔融,以应力剪切形式脱离表面。非稳态均匀辉光放电聚缩为稳态电子流丝状电流的原理(图3-2):① 电化学体系阳极表面高阻抗沉积物扩展成沿面微弧团簇,在脉冲电压下团簇界面向纳米尺度聚缩构建出可选择丝状电流通道;② 处于极间距为微米量级条件下的阴阳极,表面存在微米甚至纳米量级的凸起点,在电场强度反比于极间距离的几何电场约束下,构建出始于凸起点的非连续的电子流可选择等离子体通道。此时脉冲放电模式处于非稳态强电场的强辉光聚缩放电和非稳态大电流弧光弥散分布放电的伏安特性 $dV/dI \to 0$ 阶段,发挥了电晕放电、辉光放电、弧光放电和火花放电的优势,电子通量在基体沿面分布不均匀可供选择的特征得以体现,在电极表面形成巨大的非连续不间断的温度场和应力场,其起伏不断的热膨胀压力和热辐射压力叠加瞬间急速向外膨胀,耦合电极表面的电子态,在表面势和热振动作用下与电极表面实现电阻热到机械能的瞬间转换,以冲击波的形式传播,在记忆效应、热效应、冲击波空化和诱导离散电子流涡旋扰动下,借助表面的弛豫层和重构层微观容抗差异,在微纳秒周期实现纳米尺度体积内累积的热转换,使得表面凸起点在

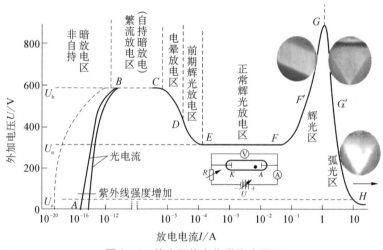

图3-2 等离子体电化学构建原理

纳米尺度大小具有选择足以分离的费米能级重构、转移或形成。非连续离散稳态丝状电流电子密度达 10^{18} e/μm^2，高频脉冲能量密度达 10^{12} W/cm^2，其瞬间引起空间电荷呈指数增长，促进电子流涡漩聚缩形成离散丝状电流，温度达到 $10^4 \sim 10^5$ K，内部压力可达 10^4 大气压量级，引发弛豫层和重构层原子激烈振荡，在温度场和应力场作用下或熔融，或从基体剪切剥离。通过调整两个脉冲间隔，调控高压强加速高能电子不断传质进入丝状电流通道，实现电极表面稳态离散微弧团簇诱发自组织反应非连续的纳米尺度重构和原子剥离，为制备三维尺度纳米颗粒薄膜提供了气固凝聚粒子沉降加工条件。

从理论分析角度可以看出，在一定的外加脉冲电场作用下，电极内部的电子突破逸出功束缚飞出表面以电子逸出形式产生光伏效应。其中脉冲电子克服电极内部正电荷的静电引力飞出电极表面所需的能量为逸出功。根据外加脉冲电场强度的差异，电子逸出分为受热逸出和场致逸出及碰撞逸出等。电极内部脉冲电子受到热作用运动加剧，其动能大于电子逸出功时，从电极表面受热逸出。电子受热逸出的电子密度与材料表面的温度关系为

$$i = A\,T_e^2 \exp\left(-\frac{e\,V_e}{k\,T_e}\right) \tag{3-1}$$

式中：A 为材料表面状态常数，T_e 为材料表面热力学温度，e 为一个电子电量。这一公式说明电子密度随电极表面的温度升高而急剧增大。当电极空间的电场强度达到一定值时，电子在脉冲电场作用下获得足够能量克服电极内部正电荷的静电引力，冲破电极表面束缚飞出，在电场加速下，提高电子动能而场致逸出。场致逸出的电子密度可以表示为

$$i = A\,T_e^2 \exp\left[-e\left(V_e - \sqrt{\frac{eE}{\pi\,\varepsilon_0}}\right)\middle/ k\,T_e\right] \tag{3-2}$$

式中：E 为电场强度，ε_0 为真空介电常数。脉冲电场存在时低温也可以在电场作用下逸出丝状电子流，而电子获得能量也可以飞出表面。电极表面宏观上存在粗糙度，而微观上存在凸凹峰谷，这样微观上凸起的曲率半径出现差异。曲率半径的不同导致尖端放电的顺序存在差异。曲率半径较小，尖端附近的电场强度就强，附近发生电子雪崩形成等离子体速度就快，加速电子能量就高。由此，电子逸出表现为沿面不均的特征。由此，沿尖端轴线距离 x 处的电场强度为

$$E = \frac{2V}{(r+2x)r\ln\left(\frac{2d}{r}+1\right)} \qquad (3-3)$$

电极尖端最大电场强度为

$$E_{\max} \approx \frac{2V}{r\ln\left(\frac{2d}{r}\right)} \qquad (3-4)$$

可见,尖端附近的纳秒脉冲电场强度随曲率半径增加而减小,所以电子逸出的沿面不均特征随曲率半径的变化而变化。

在脉冲电场中电子的逸出机理有势能逸出和动能逸出。当纳秒脉冲电场中的丝状电流进入的固体表面小于纳米时,高能离子的势能引起固体外表层电子的俄歇过程和共振转移,引发表层原子能态升降。因为载能离子的动能小,主要是势能引发电子逸出,所以称为势能逸出,其逸出率与载能离子能量无关。载能离子的动能超过一定值后,电子逸出随动能的增加而增加,其成为动能逸出。而实际电子逸出过程是两者共同作用的结果。在脉冲电场作用下阴阳极表面丝状电流诱发等离子体通道,这种丝状电流通道聚缩至微纳米尺度,聚缩区电子密度接近电弧量级,而形成纳米束。

等离子体电化学过程中物质变化的最弱边界条件:原子从原物质分离出来结合成新物质的最小形核能,这就要求脉冲电压的能量强度最小,且与材料的最小形核能量耦合。这时脉冲电压击穿气隙膜诱发等离子体传递电子形成丝状电流,所以气隙膜击穿电压小于新物质形核所需的脉冲电压,其以制备纳米颗粒为典型。而纳米颗粒的形成过程中存在形核和长大,形核和长大过程中需要不断地提供能量。脉冲电压的能量密度耦合纳米颗粒的形核能和长大动能,脉冲场强耦合表面原子具有费米能的悬挂键产生电致伸缩,等离子体加热并形成介质特性的纳米颗粒。通过建立脉冲电压的焦耳热 I^2Rt 与纳米颗粒形核能和长大动能的关系,求出其最弱的边界条件

$$I^2Rt = 4\pi r_B^2 \gamma \qquad (3-5)$$

式中:I 为丝状电流,R 为表面凸起点电阻,t 为脉冲放电时间,r_B 为颗粒形成的最小半径,γ 为形核能。构建等离子体冲击波空化与表面凸起点聚集电荷场强的内在关系,引发丝状电流的电阻热与纳米材料界面能的相关性,为等离

子体作用下物质变化提供最佳手段。

等离子体电化学过程中物质发生变化的最强边界条件：等离子体电化学在异常辉光放电与弧光放电的过渡区。等离子体强电场引发的高能电子流于材料表面产生电阻热而熔融形成微纳米尺度的熔池，表现为材料表面出现较强的微弧，引发弛豫层和重构层原子激烈振荡，获得的巨大的机械能破坏了表面的持续性，使得材料表面形成的等离子体放电现象演变成电弧放电现象。因此，产生弧光放电的条件为等离子体电化学过程中物质发生变化的最强边界条件。通过建立电阻热和诱发微弧的电场参数的关系，可以计算等离子体电化学过程中物质变化的最强边界条件。

这样，介于最弱边界条件和最强边界条件的等离子体电化学可以制备纳米颗粒，实现材料表面的生长和剥离。所以，根据每种材料电极表面在脉冲放电诱发等离子体作用过程中产生的阻抗大小和压降得出每种材料的最弱边界条件和最强边界条件，而其计算通常用焦耳热产生公式计算。

$$R = \frac{\rho}{2\pi r_B} \tag{3-6}$$

$$\Delta U = \frac{I\rho}{2\pi r_B} \tag{3-7}$$

$$Q = \frac{\Delta U^2}{R}t = \frac{I^2 \rho}{2\pi r_B}t \tag{3-8}$$

式中：R 为阻抗，ρ 为凸起点电阻率，r_B 为凸起点的半径，ΔU 为电压降，Q 为焦耳热，t 为脉冲放电时间。

3.1.2 电极表面微弧团簇的调控

丝状电流习惯上理解为电极表面电子雪崩注入，其分为 R 原理和 E 原理。

R 原理可理解为溶液中负电性离子（团）向阳极放电，并与阳极表面原子形成电阻值较阳极有幂律增量的"高阻抗团簇"，低阻抗的团簇界面或团簇内微孔聚缩至微纳尺度，构建出凸起点电子通量向"弧通量"聚升的微观结构条件。放电过程中电子转移本质如图3-3所示。① 液固界面阳极放电本质：溶液中受电场驱动的负电性离子向阳极释放电子，即阳极为放电过程的受体。② 液固界面阴极放电本质：溶液中受电场驱动的正电性离子从阴极得到电子，即阴极为放电过程的主体。③ 气固界面阴极放电本质：阴极表面电子获得大于逸出功的能量后注入阳极表面，获得方式主要有机械能和电场能。

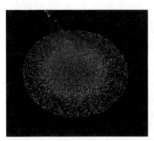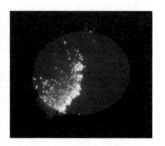

图 3-3　调控 V/I 模式和低阻抗微区数量，使电子流通量＞10^{18} e/cm² 而诱发出微弧

E 原理可理解为于极间距为数十微米的阴阳极间，电极表面紧密分布微纳米量级的凸起点，通过 $E=U/d$ 构建出 $\Delta E>10\%$ 的沿面非均衡电场，使凸起点丝状电流通道优先。

在等离子体电化学条件下，流经阳极表面的电子通量受到以下两类因素调控：① 阳极表面"峰谷状"形貌特征的几何因素影响。如图 3-4 所示，阳极表面 A 凸起点较 B 凸起点距离阴极的距离小，即 $d_A<d_B$，曲率半径 $r_A>r_B$。依据小曲率半径的凸起点较大曲率半径的凸起点具有较高的电场强度及电场强度和极间距离的平方成反比的物理学基础知识，对确定的"峰谷状"表面形貌，当 A 凸起点的顶部 d_A 小至某一临界值时，虽然 $r_A>r_B$，A 凸起点顶部微区的电场强度仍会大于 B 凸起点的顶部微区，从而分得较大的电子流通量；反之，当 B 凸起点顶部的 r_B 小至某一临界值时，尽管 $d_B>d_A$，B 凸起点顶部微区的电场强度仍会大于 A 凸起点的顶部微区，从而分得较大的电子流通量，即阳极表面"峰谷状"形貌几何因素对微区电子流通量竞争分配具有调控作用。② 阳极表面沉积物的铺展过程及其结构特征的影响。当电解液中添加如硅酸盐类可在阳极金属表面沉积出电阻率较阳极金属高出 10^5 以上的金属盐时，如图 3-5 所示，随着阳极界面电化学反应的进行，表面沉积物将由"岛状"（A 处）向具有显著界面特征的"层状"演变，在图 3-5B 中，沉积物团簇界面（B 处）、团簇内微孔（C 处）与团簇的致密区域存在巨大的电阻值差异，可引发液固界面电子传递通量的极度不均衡分配机制，电子将在外电场作用下主要通过电阻值较小的团簇界面或团簇内微孔。对以上影响液固界面电子传递通量

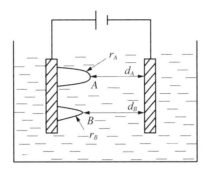

图 3-4　电化学体系中阳极表面不同几何形状形貌特征

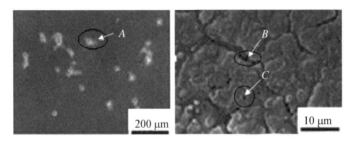

图 3-5　阳极表面沉积层形貌特征

（A）岛状沉积颗粒；（B）沉积颗粒之间的界面特征。

不均衡程度的两类因素,将不难实现通过调制外电路电流强度的供给模式,满足在微纳米平方量级的通道,通过 10^{18} e/μm^2 或 10^{-2} A/μm^2 电流密度的"微弧"诱发的临界电流密度条件。对于以上引发阳极表面电子通量不均衡分配的形貌和阻抗因素,首先分析阳极表面电子通量以大于"微弧"诱发临界值传递时界面所伴随的物理化学现象。大于"微弧"临界值的高密度电流将通过 N 次脉冲的焦耳热积累（$\sum_{i-1}^{n} I_{di}^2 R_i^2 t_{on}$）效应,导致微区升温至物质微熔（$I_{di}$:$i$ 次脉冲时微区电流密度,R_i:i 次脉冲时微区电阻值,t_{on}:单脉冲导通时间）。N_{ton} 的大小不仅幂次方反比于 I_d 值的大小,还直接影响着通电微区物质微熔甚至微升华区域尺度的大小。如此,通过等通量变换模式下的电流峰值调制（如通过减小脉冲频率以增大单脉冲峰值）,或者阳极表面几何形状构建（减小 d、r 值以增大微区电场强度）,或者沉积层物质属性及微观组织结构的调控（选择高阻抗沉积层及减少 B、C 类低阻抗微区数量以增大导通区电流密度）

等途径,使 N_{ton} 值缩短至微区物质刚开始微熔或不经过熔化而直接升华且微区范围维持在微纳米尺度的时间周期内。同时考虑到此时的金属阳极始终处于氧等离子体的包裹之中,微熔凸起点的高活性金属将会与氧等离子体化合为微纳米尺度的金属氧化物。其次,分析液固界面微弧传递电子条件下,生成物的物理属性和几何尺度对微弧自组织反应过程的影响规律,及微弧自组织反应对生成物续存状态的作用机制。如果阳极属铁、铜类非阀金属,其由金属转变为金属氧化物后的电阻率少有幂律以上增大,则阳极表面微区的电流密度分布状态不会发生改变,即,微弧自组织反应将原位持续进行。如再通过合理设置两个脉冲的时间间隔 t_{off},使微区始终处于高活性状态的同时,所生成的阳极氧化物还持续受等离子体冲击波空化的作用而被剥离出阳极表面。此类情况下:① 对于如图3-2所示的阴阳极间不均衡电场强度是表面形貌参量 d、r 所致,若 d 作用强度大于 r 作用强度时,A 凸起点将先于 B 凸起点启动微弧反应并沿顶部逐层剥离,随着剥离过程的进行,因 d_A 值的增大而使电场强度逐渐减弱,当 d_A 增至某一个临界值时,将出现 d 与 r 作用的竞争排序反转,B 凸起点的微弧反应随之发生;反之,若 d 作用强度小于 r 作用强度时,B 凸起点将优先于 A 凸起点引发微弧反应并沿顶部逐层剥离,随着剥离过程的进行,因 r_B 的增大而使顶部的电场强度逐渐减弱,在某一个临界值出现 d 与 r 的作用强度反转,A 凸起点微弧反应启动,剥离现象同样随之发生,直至因 d 或 r 的逐渐增大而引发的电流高密度导通面积增大,使凸起点电流密度 I_d 值小于发生微弧所必需的临界值时而自行湮灭。② 对于图3-5B所示的阳极侧液固界面电子传递的竞争分配是因沉积层中存在团簇界面(B 处)和团簇内微孔(C 处)引发,微弧的自组织反应将会沿"平坦"的阳极表面,受"氧化剥离凸起点极间距增加,场强减弱"自反馈机制调控而扩展至整个阳极表面,直至阴、阳极间间距增大致电场场强减弱至微弧湮灭。即,阳极金属为非阀金属时,微弧自组织反应的反馈参量仅为由阳极表面形貌参量 d、r 所决定的沿阳极表面电场强度 $E(d,r)$ 不均衡程度。如果阳极属铝、镁类阀金属,其由金属转变为金属氧化物后的电阻率不仅有 10^{20} 以上的增量,而且还远高于沉积物团簇的电阻率,则阳极表面凸起点的电流密度分布状态将会因新生成氧化物较阳极金属或沉积层电阻值的幂律增量而重新竞争分配,电流将重新选择电阻值较小或电场强度较大的凸起点优先通过。与阳极为非阀金属不同的是,微弧自组织反应的反馈参量除了沿面电场强度 $E(d,r)$,还多了一个该微区氧化生成物电阻较阳极金属自身电阻的增加值参量（ΔR），微弧自组织反应过程将由 $E(d,r)$ 和 ΔR 两个反馈参量竞争作用决定。如果 ΔR 的反馈强度大于 $E(d,r)$，则新生成的氧化物颗粒将不受等离子体冲击波空化的持续作用，而原位与阳极微升华区粘接，在电解液的冷却作用下凝固成阀金属及其氧化物以微冶金结合的金属陶瓷复合微区，微弧自组织反应的最终结果将是沿阳极表面均匀生长出一层阳极氧化物的陶瓷层；反之，如果 $E(d,r)$ 反馈强度始终大于 ΔR，则微弧自组织反应过程将以非阀金属的模式进行；也可能出现在微弧自组织反应过程中，随着 d 和 r 的逐渐增大，$E(d,r)$ 相对于 ΔR 反馈强度由开始时的"大于"逐步转变为"小于"的"反转"情况，在阳极表面的显现结果为"先剥离凸起点，再生长出陶瓷层"。综上所述，在合适的电解液组成和合理的外电路输入模式条件下，总会于阳极表面诱发出具有微纳米尺度弧斑直径、微纳秒周期持续时间的微弧团簇，且可通过阳极表面形貌和氧化生成物的物理属性即时反馈调控微弧团簇的自组织反应行为。选择阀与非阀金属作阳极展开科学意义分析，是因为这两类阳极材料的微弧反应生成物的电阻率覆盖了良导体至绝缘体的全范围。对于硅单晶和碳化硅单晶类半导体，由于生成物氧化硅的电阻率相对于硅或碳化硅单晶的电阻率仍有 10^5 以上增量，以上微弧诱发与自组织反应的原理分析应该仍然适用。

脉冲电压诱发电子通量的竞争，阴阳极间发生气体原子的电离产生电子和正离子，在脉冲电场作用下电子和离子分别向阳极和阴极移动，非连续的脉冲电场使得电子和离子的传递过程离散化，分别沿面向阳极传递的电子和向阴极传递的离子，这一过程中聚缩成离散高场强丝状电流，与阳极表面复合因质量小几乎无能量传输进入外电场，正离子高场强聚缩丝状电流注入阳极表面，正离子质量大，与阴极表面沿面处于不平衡弛豫表面态的原子因阻抗差异发生通量竞争产生能量交换和电子电荷交换，电子与正离子复合并复原离子演变为气体原子，正离子高场强电子流作用于阴极表面传输的能量，包括动能、热能等，瞬间加热处于悬挂键的阴极表面弛豫表面态的原子，形成高于阴极材料表面原子的费米能和原子间结合能，通过超声冲击波空化和诱导离散电子流涡漩以应力剪切形式从阴极表面剥离原子，以剥离后残余的能量进入阴阳极间，以离散纳米颗粒形式释放。而阴极沿面原子的剥离引起沿面阻抗的差异，再次引起弛豫表面态通量的竞争，构建了沿面离散自组织等离子体，发生了热发射和沿面离散放电，形成自反馈机制，导致阴极表面的原子以冲击波空化剪切剥离阴极表面进入阴阳极间。如此进入阴阳极间的气体原子再次电离,形成离散的纳米微束,重复以上过程,形成了大面积交叠的放电过程,造成了记忆效应,使得微弧氧化持续进行。而实际的过程中,发生了 R 或 E 两种复合过程,从而脉冲放电表面存在材料成长和剥离及纳米材料的制备等过程。

3.1.3 阳极表面等离子体形成的条件

等离子体电化学电场作用下,负电离子向阳极放电,放出多余的电子氧化成稳态,或阳极材料释放电子,形成正离子。负电离子在阳极放电过程中,因有负电性离子沉积出高阻抗团簇,产生了微弧团簇阻抗和微电场有机结合的现象。微弧团簇微阻抗引起局部电场的演变,微电场电场强度的演变引起放电的差异,导致微弧团簇的转移,产生移动。移动的纳米微束放电产生微区强电场,放电使得团簇在阳极沉积放电引起局部电场演变,微电场电场强度的演变引起放电的差异,导致微弧纳米微束放电的转移,而产生移动。微观的纳米微束放电在宏观上表现为微弧的游移和选择。这就是微弧氧化的原因。

阴极因只有正电性离子接受阴极放电还原自身,没有沉积出高阻抗团簇的可能,不具备"R"或"E"两类技术复合应用的科学道理。等离子体过程达到稳定态,阳极表面以稳定态的形式逸出气体或以固态形式沉积膜层,这就需要溶液要有不断产生电负性离子的机制。阳极金属表面首先形成极薄的钝化膜或沉积层,使阳极表面电阻值增大,出现由微米宽度向纳米宽度演变的团簇结构界面。随着电压的增大,阳极表面由于析出氧气,阳极被氧气隙膜包裹,形成电解液中负电性离子向阳极传输电子的障碍层。在外电场作用下,电解液中的阴阳离子分别向阳极和阴极移动,结果在阳极氧气隙膜外侧积累出由近及远浓度梯度下降的负电性离子,形成反电势层。随着气隙膜两端电位差进一步加大,氧气隙膜被击穿,即刻发生负电性离子高速喷涌至阳极金属表面,并经纳米宽度的团簇界面完成电子传递,形成电子密度接近电弧密度的丝状电流。等离子体团簇界面经 I^2Rt 效应强电场加速高能电子熔融表面凸起点。阳极表面具有一层高阻值钝化膜,会导致涌向阳极表面的阴离子重新分布,在钝化膜较薄处会有大量的阴离子通过,产生放电通道,由于这种区域极为细小,因此可以产生高热量,使得阳极表面凸起点熔化甚至升华,结果阳极表面的金属转变为活化离子,与表面覆盖的一层氧气隙膜发生反应,生成金属氧化物而沉积烧结。

阳极表面以稳定态沉积固态膜层,出现影响面电阻和不影响面电阻膜层。如果影响,则产生丝状电子流通道,不影响则为良导体,这与沉积固态膜层的表面阻抗有关。最常见的阀金属表面的氧化膜阻抗值较大,微弧等离子体通道在阀金属表面作用过程中与表面氧化膜耦合产生较大的焦耳热,沿着等离子体放电通道释放,发生等离子体物理和化学反应,表面形成新的物质,沿面等离子体则影响面电阻。这样在等离子体电化学作用过程中产生纳米束电子通道,不断产生的富氧气隙膜高温氧化,最终陶瓷层增厚。因阀金属的氧化物具有半导体的性质,介于导体和绝缘体,在纳秒脉冲电压作用的过程中,存在充电和放电电容性质,这样阀金属氧化物固体膜层在内应力和防腐性能方面都受面电阻的影响。非阀金属表面因沉积的固态膜层的阻抗小,不影响面电阻,形成良导体,在等离子体电化学过程中,引发弛豫层和重构层原子激烈振荡,获得膨胀应力从基体分离而脱离表面。不断产生富氧气隙膜高温氧化,发生氧化物剥离过程。这一过程中,存在阳极金属离子传统的电化学氧化过程和阳极氧气的生成过程,也存在气隙膜中等离子体放电过程。后者的过程比前者复杂,而且容易引起不同的反应。在等离子体电化学作用下,金属氧化物会向脱离阳极方向非连续地抛洒,放电脉冲消失后会向金属阳极回落。纳秒脉冲电压作用下,形成非连续离散纳米微束后,这种作用将更加明显。金属氧化物的阻值和外加电场的脉宽、频率是控制生长和剥离的重要因素。在脉冲电压高频率作用在低阻值表面时,阻值与阳极金属相差不大,下一脉冲会持续作用于此氧化物处,在频率较高其未回落至阳极金属表面时,进一步作用,直至脱离阳极表面;脉冲电压作用下,氧化物回落将更加频繁,形成的氧化物颗粒将更加细小(这将为制备纳米粉体提供新的技术),出现膜层剥离现象。在纳秒脉冲电压大脉宽作用在高/低阻值电极表面时,由于微弧作用会向脱离阳极金属方向运动,脉宽较大使其只向一个方向运动至脱离阳极金属表面,也出现膜层剥离现象。上面两种情况在脉冲电压作用下,也可能存在金属氧化物在非连续的两脉冲间隙回落到金属表面形成纳米化膜层。在脉冲电压低频率作用在低阻值电极表面时,阻值与阳极金属相差不大,下一脉冲会持续作用于此氧化物处,在频率较低时,下一脉冲作用前,金属氧化物已经回落至材料表面,不能使其脱离阳极金属表面,出现膜层生长现象。这可以从铝和硅在不同频率和占空比时在铝合金微弧氧化形成陶瓷层的过程中得以证实。随着占空比的降低,Al/Si 比降低,铝更多地参与了反应。随着频率的增加,Al/Si 比增加,铝更多地参与了反应。铝和硅的氧化物的阻抗不同,导致成膜过程的差异。占空比增加,微弧团簇的强度降低,微弧团簇分布的密度也降低。低占空比、高频率下,等离子体的能量强度高,等离子体分布密度高,微弧氧化层均匀,低阻抗的硅氧化物参加反应的频率高,陶瓷中硅的成分含量高。钛合金表面微弧氧化过程中,频率增加,陶瓷层的阻抗降低,而占空比降低,陶瓷层的阻抗升高。这就证明了材料的阻抗和脉冲占空比对微弧团簇过程中氧化物陶瓷层生长的影响。在纳秒脉冲电压小,脉宽作用在高阻值电极表面时,由于阻值远高于金属阳极,在脉宽较小时,在一个脉冲范围内,金属氧化物会回落至阳极金属表面,下一脉冲到来时,由于金属氧化物阻值远大于阳极金属,电流会在阳极金属表面重新分布,而第一次产生的金属氧化物会黏附于金属阳极表面,出现膜层生长现象。

3.1.4 丝状电流与表面凸起点的物质相变

调控脉冲电压幅值、频率、上升沿和占空比达到一定值,随着电流密度的增加,放电模式转换在非稳态大电流高电压的强辉光聚缩成束放电与非稳态弱弧光弥散分布放电的伏安特性曲线峰值附近,由于频率效应和尺度效应,稳态电子密度出现收缩集聚,分布离散化,放电趋于稳定,借助表面的弛豫层和重构层微观电容差异,与基体势垒的功率密度的耦合程度提高,发挥了辉光放电与弧光放电的优点,微观上电子在基材沿面的不均匀特征得以体现,实现了大功率高电子密度的表面处理过程。在时空上微弧放电由随机分布的纳米聚束组成,在电流波形上表现为众多纳秒数量级脉宽的电流窄脉冲。这种高电压幅值、窄间隙、高重频和陡上升沿脉冲获得的丝状电流模式完全击穿包裹的气隙膜,快速形成的贯穿两极的稳态等离子体通道的阻抗未接近零,激发了相互交叠大面积均匀分布放电,等离子体区域扩大,高重复频率造成记忆效应显著,热效应和超声冲击波空化造成的微粒变化,引发弛豫层和重构层原子共振效应和冲浪效应,获得巨大的膨胀应力,产生的冲击波空化剪切剥离研磨,有利于自组织放电过程中保持电导率和放电强度,达到材料表面生长、剥离和纳米颗粒的合成的目的。

脉冲放电通常在高电场强度下形成,但不产生火花和电弧,具有较高的电子密度和较大的放电体积等特点。放电空间充满了稳态弥散的等离子体,这些微弧团簇由贯穿两极的等离子体构成。微弧放电不同于传统的电晕火花放电,是因为电晕放电产生的等离子体区域在极不均匀电场的小曲率半径处的附近区域,而丝状电流产生的等离子体通道为强度较高的收缩状态。脉冲微弧放电是电晕放电进一步发展并贯穿电极两端的一种放电形式,其等离子体通道明显收缩且表现为大面积的稳态弥散状态,既不同于没有贯穿电极通道的电晕放电,也不同于收缩通道的火花/丝状电流。微弧放电表现为大面积状态,即放电更均匀,面积更大。微弧放电从放电模式表现为稳态离散、蔓延,具有向前和动态的特征。所以脉冲微弧放电电子构建记忆电场与下一次放电的外加电场方向相同,能够促进放电的产生。这部分电子流能够降低气隙膜的击穿电压,提高气隙膜的电导率和放电强度,实际起到种子电子的作用。重复频率脉冲微弧放电非连续持续脉冲施加在气隙膜上持续加热,累积的热量使气隙膜等离子体通道导电率升高,放电强度增加。脉冲微弧放电产生球状冲击波,造成放电通道内离子浓度的波动,影响放电模式的保持。结果微弧放电贯穿整个气隙膜,等离子体通道密度较大,高重复频率脉冲造成的记忆效应显著,热效应和冲击波造成的粒子浓度变化避免了电晕放电和火花放电的形成。

3.2　等离子体电化学阴阳极放电理论

3.2.1　等离子体电化学阴阳极放电的原理

电化学条件下发生的许多基本电极过程,如普通阳极表面释放氧气或金属发生氧化反应。金属氧化产生表面溶解或形成氧化层,取决于电解液和金属的化学活性。普通阴极表面放出氢气或还原阴离子。电镀、电化学加工和阳极氧化过程存在简单电极和电解液界面,理论上没有考虑气体参与的情况。

　　等离子体电化学环境中电极表面脉冲放电通常在强电场下形成,不产生火花和电弧,具有较高的电子密度和较大的放电体积等特点。电极表面弥散分布了微弧,贯穿两极的丝状电流由分散的电子流构成。等离子体电化学放电不同于传统的电晕火花放电,是因为电晕放电产生的等离子体区域在极不均匀电场的小曲率半径处的附近区域,而火花放电产生的等离子体通道为亮度较高的收缩状态。等离子体电化学是电晕放电进一步发展并贯穿电极两端的一种放电形式,其等离子体通道聚缩共振效应明显且表现为大面积的弥散状态,既不同于没有贯穿电极通道的电晕放电,也不同于收缩通道的火花/丝状电流。溶液中电极表面等离子体放电表现为大体积状态,即放电更均匀,面积更大。等离子体放电从放电模式表现为离散、蔓延,具有向前和动态的特征。所以等离子体电化学构建记忆电场与下一次放电的外加电场方向相同,能够促进放电的产生。这部分电子能够降低电极表面气隙膜的击穿电压,提高气隙膜的电导率和放电强度,实际起到种子电子的作用。等离子体电化学环境中电极表面重复频率纳秒脉冲等离子体放电,非连续持续脉冲施加在气隙膜上持续加热,累积的热量使气隙膜等离子体通道导电率升高,放电强度增加。等离子体电化学放电产生球状冲击波,造成放电通道内离子浓度的波动,影响放电模式的保持。结果溶液中电极表面等离子体电化学放电贯穿整个气隙膜,等离子体区域较大,高重复频率脉冲造成的记忆效应显著,热效应和冲击波空化造成的粒子浓度变化避免了电晕放电和火花放电的形成。等离子体电化学以丝状电流非连续离散作用于电极表面,选择性耦合电极表面弛豫层或重构层的原子,引发共振效应和冲浪效应,使得表层原子与溶液中离子发生等离子体化学反应,在电极表面发生物质重构,或发生物质转移,形成或新物质。

3.2.2　溶液中正负电性离子的分类

　　等离子体电化学条件下,溶液中粒子呈现正、负电性和中性。根据溶液中粒子存在的形态,粒子与水解的氢离子和氢氧根离子配位形成正离子团和负离子团。在电场作用下,正、负离子团分别向阴阳极移动,形成离子浓度梯度,分别在阴阳极发生还原和氧化反应。而电化学条件下正负离子发生氧化还原反应的前后顺序受到电极电位的影响。氢和氧的电极电位前后决定了其还原反应和氧化反应的产物。而在溶液中电极表面等离子体的聚缩共振效应和冲浪效应改变了这种顺序。溶液中正负电性离子在等离子体的作用下,原先正负离子团发生分离和重构,沿着等离子体场强方向发生移动。这种分离和重构在等离子体通道中持续进行,所以正负离子的大小、极性及成分在不断发生变化,为在电极表面发生等离子体过程提供条件。这样改变了普通电化学条件下电化学反应按照电极电位顺序进行的原则。电极表面弛豫层和重构层原子与等离子体发生聚缩共振和耦合,这使得电极表层的原子与溶液中的正负离子在阴阳极发生等离子体化学反应。这样正负离子团的向阴阳极移动起到导电作用,同时起到向阴阳极转移物质的作用,最后在阴阳极表面发生物质重构或形成新物质,结果在阳极可形成陶瓷层、表面的抛光研磨、纳米结构的重构、纳米颗粒的制备,在阴极表面发生等离子体化学热处理、金属元素的等离子体还原等。

3.2.3　阴阳极放电反应产物的存续状态

在等离子体电化学条件下,等离子体在阴阳极放电发生的反应过程比较复杂,相应的产物也比较复杂。这样阳极表面氧化反应的产物出现两种情况,作为氧化物沉积到表面和作为氧化物进入溶液。结果阀金属和半导体在微弧团簇作用下,阳极表面发生微弧氧化反应形成陶瓷层和功能膜层,而非阀金属在微弧作用下阳极表面发生剥离和研磨抛光以及制备出纳米颗粒和纳米结构。阴极表面发生还原反应的产物也出现两种情况,作为金属还原产物在阴极析出并沉积和非金属原子在阴极表面的化学热处理。在等离子体电化学作用下普通电化学中难以实现电镀的金属离子也可以实现还原。这以铝、钛、钨、钼、钒等金属为代表。而等离子体电化学热处理以碳、氮、硼、硫、硅等为代表,改变了阴极表面的表面性质,为力学性能、化学性能及物理性能需求提供技术支撑。上述阴、阳极等离子体电化学过程中,正负离子团参加了等离子体放电过程,正负离子团发生分解或重组,参加阴阳极的等离子体电化学还原反应或氧化反应。因此,等离子体主导的化学反应不同于普通电化学反应的阴阳极还原反应和氧化反应,而是只在阴极或只在阳极能同时完成氧化反应和还原反应。结果离子团在溶液中导电时正负电性显现,而在阴阳电极附近的凸起点就受到等离子体强电场作用,此时离子团电负性由强电场方向和等离子体化学过程决定。所以微弧氧化作用下阴阳极表面放电反应的产物以离子形式形成陶瓷化合物,或以氧化物的形式从阳极表面剥离形成颗粒状,或进入溶液以活性原子形式在电极表面扩散形成重构层提高表面的力学性能,或形成功能性陶瓷层提高物理性能和化学性能,以还原原子形式在电极表面形成镀层等。

3.2.4 小等通量密度弱放电过程

在小等通量密度弱放电过程中,阴阳极表面发生普通的电化学还原氧化反应。以电镀、电解、电抛光和阳极氧化为代表。一方面,电子从电源的负极沿导线进入电解池的阴极;另一方面,电子又从电解池的阳极离去,沿导线流回电源正极。这样在阴极上电子过剩,在阳极上电子缺少,溶液中的正离子移向阴极,在阴极上得到电子,进行还原反应。负离子移向阳极,在阳极上给出电子,进行氧化反应。若放电过程通过电极反应这一特殊形式,使得电极中的电子导电与溶液中的离子导电联系起来。小等通量密度弱放电过程中,电极的形状、大小、分布、种类等都会影响放电过程的进行。因此,会引起电极的尖端放电和电化学反应的均匀性问题。小通量密度电极放电过程中电极表面服从欧姆定律和法拉第定律,即电极上析出的物质重量与电解反应时通过的电荷量成正比,不同的电解液中通过相同电荷时电极上析出物的物质的量相等。此时电极间的电压随着电流密度的增加而增加,电极间并没有等离子体的出现,而是一种持续以焦耳热的形式释放的电流。

3.2.5 非等通量强放电过程

图 3-6 为电压持续升高过程中电极表面伏安特性曲线。a 曲线表征了阳极或阴极表面气体释放的金属-电解液系统;b 曲线表征了氧化膜形成过程。在电压较低时,两个系统的电极表面的动力学过程遵循法拉第定律和欧姆定律。因此,电流与电压成比例增加(a 系统"$0 \sim U_1$"和 b 系统"$0 \sim U_4$"曲线段)。然而超过一定的电压值,这种现象发生了改变。

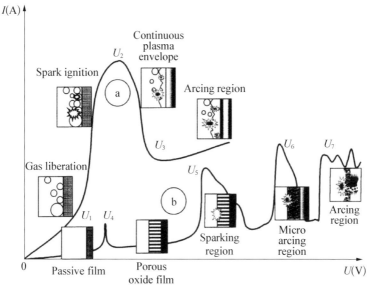

图 3-6 溶液中等离子体电化学处理电流-电压关系
a 电极附近,b 电极表面阻抗层。

在 a 系统 $U_1 \sim U_2$ 曲线段,电压升高引起电流波动并伴有辉光出现,因电极表面产生 O_2 或 H_2 气隙膜,电流不再增加。在电极与处理液接触的地方,电流密度持续增加使得处理液在电极附近发生局部沸腾。电压达到 U_2 后,低导电率的溶液汽化形成等离子体气隙膜,覆盖了电极表面。由于气隙膜的高绝缘性,几乎所有的电压降在电极表面的气隙膜上。其场强可达 $10^6 \sim 10^8$ V/m,足以使气隙膜产生气体电离。气隙膜开始击穿放电电离时气泡内出现快速跳动离散丝状火花放电,然后丝状电流诱发等离子体形成均匀的辉光。由于 $U_2 \sim U_3$ 曲线段气隙膜击穿丝状电流动态稳定,电流下降。电压超过 U_3 时,辉光转变成密集的微弧团簇自迁移,游移如夜晚的星星,闪烁并伴有响声。

b 系统更加复杂。电压超过 U_4 时,先前的钝化膜开始溶解,其与材料的腐蚀电位相对应。在 $U_4 \sim U_5$ 再钝化曲线段,多孔的氧化膜生成,电压下降。电压过 U_5 点,达到氧化膜的击穿电压。由于隧道击穿效应碰撞电离,发光小火花在氧化膜层的表面快速移动,使膜层快速增厚。电压达到 U_6 点,热电离取代了碰撞电离机制,产生了移动更慢更大的微弧。电压在 $U_6 \sim U_7$ 时,氧化膜的大面积增厚产生的负离子部分抑制了热电离,导致基体放电减少。这产生了弧光放电,称作"微弧"。其过程中膜层出现微熔,并与溶液中的元素合金化。电压在 U_7 之上，弧光放电穿透气隙膜到基体，转变成剧烈的弧光，对膜层起破坏作用。事实上电极表面同时发生上述反应。常规的两相电极-电解液模型被复杂的四相系统(金属-电介质-气隙膜-电解液)取代。因此，实际的电化学系统的两个类型是很难区分的。

电极表面的物理和化学反应的副产品及新反应与等离子体电化学气隙膜的形成过程明显改变了基本电极反应。因此，热扩散、等离子体化学反应和电泳作用都可能发生。所以等离子体电化学应用范围很广，其包括等离子体电化学热处理、焊接、清洗、剥离和抛光、扩散、沉积。相应的等离子体电化学技术包括微弧氧化和等离子体电化学合金化，等离子体电化学合金化包括等离子体电化学渗碳、渗氮、渗硼等。其低成本技术有望在耐磨、耐蚀和隔热方面制备表面涂层。微弧等离子增强化学反应和扩散处理形成的涂层改变了电极表面性能。在阳极是微弧氧化，在阴极是阴离子还原，可沉积在电化学条件下难以沉积的金属，如铝、钛、钼、钨等，或制备纳米颗粒。在表面涂层形成过程中，等离子体电化学过程是相互依赖的，并伴随有化学和弥散处理。等离子体过程中电极表面的热平衡定义为电极附近释放出的热量与金属基体和电解液吸收的热量相等。在电极附近主要是电阻产生的电阻热，因为电压降主要集中于低电导率的气隙膜上。电极表面占主要部分的焦耳热达到 $0.1 \sim 1 \, \mathrm{MW/m^2}$。电极附近非均匀电场分布引起局部放电更容易生成产物，电极表面存在绝缘膜。在微弧氧化和等离子合金化过程中，工件边缘更易看到密集的微弧。钝化薄膜促进微弧氧化在整个表面微弧分布。在这些条件下，热传输系数成比例增长。相反，如果电极表面没有生成绝缘层，连续的气隙膜很快形成。在这些条件下，电极表面可能高速加热。电极表面温度能在 $1 \sim 3$ 分钟达到 $900 \sim 1200\,℃$，超过工作电压。在几百伏电场作用下电极表面的高温和高能密度离子的注入使电极表面的成分发生改变。

气隙膜的化学成分的高浓度差是驱动等离子体向金属电极表面扩散的主要原因。可以观察到元素向金属基体扩散合金化和向表面扩散过程。在阳极和阴极表面都可能发生合金化。根据电解液，非金属元素 O，C，N，B 或它们的复合物或碳化物形成元素 W，Mo，V 等有可能从处理液中沉积并合金化。阳极表面化合物生长主要机理是间隙扩散和晶界扩散。其在电极表面有限的扩散量由气隙膜所含元素浓度决定。阳极化合物的形成经常伴有氧化过程。因此，氧化层经常存在于碳化物、氮化物和硼化物的表面。为了避免表层氧化，使用了阴极极化技术。然而,在阴极化合物的形成化合物层,其处理液很复杂。电极表面金属扩散受到酸的影响。电极表面吸附扩散剂形成了聚合层。金属元素的扩散是置换机理。电极表面扩散剂的最大含量由吸附聚合层的扩散剂浓度决定。为了提高涂层中扩散剂的含量,增加了电解液浓度或使用更长聚合链的酸。然而,这些方法可能导致处理液有聚合的倾向。尽管提到上述不利条件,这些方法仍可获得相当高的扩散速率。与传统的热激活合金化相比(如气体渗碳或零部件合金化),等离子体的非金属元素扩散系数可从200%增加到250%,金属元素从30%增加到50%。这主要是电场作用下扩散激活能降低,等离子体放电是表面活化并促进扩散剂的吸附,等离子体放电产生的晶格缺陷促进体扩散。等离子体电化学的另一个特征是特定表面形成,如金属高温相、非平衡固态强化、复杂化合物、非晶相等,其在电极表面经过等离子热化学反应形成。依据不同的条件,反应放电在电极附近气隙膜内或表面上发生。相应发生了气隙膜和固态等离子热化学反应。由于气-液体界面演变,第一类的反应在相对低的物质和温度下进行。在高的压力和温度值下,第二类反应更容易发生。与放电现象的动力学特性一致,等离子化学反应在两个阶段发生:电离和冷凝。在第一步,碰撞和热电离发生在放电区。这个过程主要包括化合物的分解,其热效应和体膨胀很快出现。由于这个原因,等离子体放电通道在小于10^{-6} s的时间内达到高温高压。在放电通道中的电场使等离子体中的带电颗粒分离。一些阳离子释放到电解液中,一些阴离子在这个过程中附着在电极表面。相成分是决定表面涂层机械性能或摩擦性能的主要因素,因此在等离子体电化学沉积中预测涂层中的相成分是一个非常实际的问题。通过使用相应系统的相平衡表计算表面涂层相组成,在放电过程中发生的电离和冷凝的反应中逐步进行平衡态产物的热力学计算可以得出。计算过程基于异性相和复合成分系统中熵最大值的原则。

等离子体电化学强电场中实现了大颗粒迁移到电极表面或从电极表面迁移出,这与等离子体电化学的电场作用过程有关。水化作用和带电颗粒间的库仑作用、发生布朗运动、表面电荷释放热量和对流作用促进颗粒迁移。大颗粒向外迁移可以用来清洁表面,或去除表面涂层和膜层,向表面迁移用于提高沉积涂层质量,引发弛豫层和重构层原子耦合振荡,获得足够的能量从基体剥离。在等离子体电化学过程中大颗粒尺寸和能量密度控制阳离子电泳的过程。首先,等离子体电化学能区分和选择胶体溶液中次颗粒粒径和悬浮液中大颗粒。其次,等离子体电化学能促进电极周围放电的大颗粒升华、烧结及与膜层的融合。结合材料学与电工学知识可知,置于液体导电介质中的镁合金表面得以产生微弧放电的前提条件是样品表面能够形成阻挡电流通过的高阻抗障碍层,起弧前电解液中溶质粒子在电场作用下向样品表面的沉积行为及障碍层的物质属性与结构对微弧放电过程起到至关重要的作用。微弧氧化处理系统可简化为图3-7所示的由阴极(不锈钢板)、阳极(镁合金样品)、溶液等负载与方波脉冲电源相连形成的串联回路。阳极样品表面产生微弧放电(以下简称起弧)是微弧氧化过程得以进行的前提条件,而起弧能否发生则完全取决于在电源输出的平均电流强度 I_a(设定值)条件下阳极样品阻值 R_3 是否为通电时间 t_i 的增函数,即 dR_3/dt_i 是否大于零。若 $dR_3/dt_i > 0$,则通电后随处理时间的延长,障碍层的电阻值持续增大,为了实现回路电流达到 I_a,电源控制系统将遵循欧姆定律提高回路的瞬时电压 U_i。由于 R_1 和 R_2 不随时间变化,结果使起阳极功能的镁合金样品两端电压也随时间的延长而增大,直至达某一临界值时发生起弧现象。据此分析知,即使 $dR_3/dt_i > 0$,但其值很小,依赖于回路阻值增加而迫使阳极样品两端电压达到起弧临界值的时间将会很长,导致样品表面发生起弧所需的高阻抗障碍层沉积消耗电量 Q_1 很大。

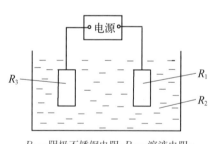

R_1—阴极不锈钢电阻;R_2—溶液电阻;
R_3—阳极样品电阻
图3-7 微弧氧化电回路示意图

在图3-7回路中,探讨使 dR_3/dt_i 增大的简捷途径之一是电解液中溶解有在电场作用下向阳极表面快速沉积的物质,该物质形成的沉积层具有强烈阻挡电流通过的"障碍层"作用,且随时间的延长,可依赖障碍层的增厚、增密甚至是结构转变等途径增大阳极样品瞬时阻抗 R_i,以提高驱使脉冲峰值电流 I_p 通过的瞬时电压 U_i,直至达到某一功率临界值

$(I_pU_i)_c$ 时产生微弧放电。另外,依据电工学的等通量变换理论,改变电量输出模式,也可在相同平均电流强度 I_a 条件下使单脉冲峰值电流 I_p 按图3-8模式改变,即通过减小单脉冲宽度 T_c 和单位时间的脉冲数量 n 而使 I_p 增大,进而以 $U_i = I_pR_i$ 模式拉升瞬时电压 U_i 而满足起弧的功率临界值 $(I_pU_i)_c$。归

纳之,通过溶液体系的高阻抗障碍层沉积途径或电控系统的"大"峰值电流 I_p 输出途径,均可"殊途同归"地使 I_pU_i 增大至功率临界值 $(I_pU_i)_c$,进而诱使微弧产生。

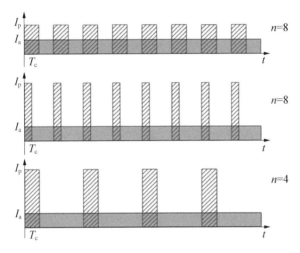

T_c—单脉冲宽度(μs);t—通电时间(μs);n—通电时间内发生的脉冲次数

▨ —通电时间 t 内直流输出模式下的电流通量

▨ —通电时间 t 内脉冲输出模式下的电流通量

图 3-8　相同电流通量条件下单脉冲峰值电流 I_p 的变换示意图

阳极表面起弧即发生了微区金属原子向氧化物的转化,此后 R_3 的持续增大将不再依赖溶质粒子在阳极表面沉积而形成电流障碍层的途径,而是借助陶瓷层的迅速拉升增厚驱使 I_p 通过所需的瞬时电压 U_i,陶瓷层增厚的电量消耗为可完成金属原子向氧化物转化的每个脉冲所载电量的集合,即 Q_2。对于陶瓷层由薄逐渐增厚的微弧氧化过程而言,随陶瓷层厚度的增加,其对应的阻抗值也不断增大,能够击穿陶瓷层并使与陶瓷层连接的次表层金属原子实现陶瓷层转化,所需要的单脉冲功率(I_pU_i)和单脉冲所载电量($I_pU_iT_c$)也应该随陶瓷层厚度的变化而遵循某一科学规律。如,对初始阶段较薄的陶瓷层,输入较大的 I_pU_i 或 T_c,则不仅会造成电量的无功消耗,还会因"飞溅"而影响陶瓷层的致密性,不如在保证 I_pU_i 大于临界值、T_c 可满足镁原子陶瓷层转化的条件下,通过增大脉冲数量 n 而增加微弧击穿次数来加快陶瓷层的增厚;反之,对陶瓷层已经较厚的微弧氧化后期,若 I_pU_i 或 T_c 较小,则有可能因脉冲所载电量不足以击穿整个陶瓷层或即使击穿但因时间太短而未实现与之连接的金属原子向陶瓷相转化，总之，均不能达到使陶瓷层有效增厚而造成电量无功消耗。因此，研究可实现陶瓷层增厚的有效单脉冲临界功率值$(I_pU_i)_c$及与之对应的单脉冲所载电量$(I_pU_iT_c)$随陶瓷层厚度的变化规律对降低微弧氧化过程的电量消耗极为重要。

 参考文献

［1］ Li J M，Cai H，Xue X N，Jiang B L. The Outward-Inward Growth Behavior of Microarc Oxidation Coatings in Phosphate and Silicate Solution［J］. Materials Letters，2010，64(15)：2102 - 2104.

［2］ 戴达煌，周克菘，袁镇海.现代材料表面技术科学［M］.北京:冶金工业出版社,2004.

［3］ Snizhko L O，Yerokhin A L，Gurevina N L，et al. Excessive Oxygen Evolution During Plasma Electrolytic Oxidation of Aluminium［J］. Thin Solid Films，2007，516(2/3/4)：460 - 464.

［4］ Mayousse E，Maillard F，Fouda-Onana F，Sicardy O，Guillet N. Synthesis and Characterization of Electrocatalysts for the Oxygen Evolution in PEM Water Electrolysis［J］. International Journal of Hydrogen Energy，2011，36(17)：10474 - 10481.

［5］ Saburi T，Suzuki T，Kiuchi K，Fujii Y. Reaction Rates of Refractory Metal Oxidation in Cold Oxygen Plasma［J］. Thin Solid Films，2006，506/507：331 - 336.

［6］ 宋斌斌,吴平,陈森,巨新,赵以德,张师平,闫丹,李新连.射频磁控溅射法制备氧化铝涂层绝缘性能及吸氢特性［J］.原子能科学技术,2010,44(11):1311 - 1317.

［7］ Yamamura K，Takiguchi T，Ueda M，Deng H，Hattori A N，Zettsu N. Plasma Assisted Polishing of Single Crystal SiC for Obtaining Atomically Flat Strain-Free Surface［J］. CIRP Annals-Manufacturing Technology，2011，60：571 - 574.

［8］ Deng H，Monna K，Tabata T，Endo K，Yamamura K. Optimization of the Plasma Oxidation and Abrasive Polishing Processes in Plasma-Assisted Polishing for Highly Effective Planarization of 4H-SiC［J］. CIRP Annals-Manufacturing Technology，2014，63：529 - 532.

［9］ Deng H，Yamamura K. Atomic-Scale Flattening Mechanism of 4H-SiC (0001) in Plasma Assisted Polishing［J］. CIRP Annals-Manufacturing Technology，2013，62：575 - 578.

［10］ Song Y W，Dong K H，Shan D Y，Han E H. Study of the Formation Process of Titanium Oxides Containing Micro Arc Oxidation Film on Mg Alloys［J］. Applied

Surface Science, 2014, 314: 888 - 895.

[11] Zheng B J, Zhao Y, Xue W B, Liu H F. Microbial Influenced Corrosion Behavior of Micro-arc Oxidation Coating on AA2024 [J]. Surface and Coatings Technology, 2013, 216: 100 - 105.

[12] Yang Y, Zhou L L. Improving Corrosion Resistance of Friction Stir Welding Joint of 7075 Aluminum Alloy by Micro-arc Oxidation[J]. Journal of Materials Science & Technology, 2014, 30: 1251 - 1254.

[13] Liu D J, Jiang B L, Liu Z, Ge Y F, Wang Y M. Preparation and Catalytic Properties of Cu_2O-CoO/Al_2O_3 Composite Coating Prepared on Aluminum Plate by Microarc Oxidation [J]. Ceramics International, 2014, 40: 9981 - 9987.

[14] Zhang L, Zhu S Y, Han Y, Xiao C Z, Tang W. Formation and Bioactivity of HA Nanorods on Micro-arc Oxidized Zirconium [J]. Materials Science and Engineering: C, 2014, 43: 86 - 91.

[15] Huang M D, Liu Y, Meng F Y, Tong L N, Li P. Thick CrN/TiN Multilayers Deposited by Arc Ion Plating [J]. Vaccum, 2013, 89: 101 - 104.

[16] Wan X S, Zhao S S, Yang Y, Gong J, Sun C. Effects of Nitrogen Pressure and Pulse Bias Voltage on the Properties of Cr-N Coatings Deposited by Arc Ion Plating[J]. Surface and Coatings Technology, 2010, 204(11): 1800 - 1810.

[17] Dem'yantseva N, Kuz'min S, Solunin M, Solunin A, Lilin S. Effect of Pulsed Polarization Parameters on the Nickel Shaping [J]. Russian Journal of Applied Chemistry, 2010, 83(2): 247 - 252.

[18] Kozak J, Rajurk K P, Makkar Y. Selected Problems of Micro-electrochemical Machining [J]. Journal of Materials Processing Technology, 2004, 149(1/2/3): 426 - 431.

[19] Liu Z, Zhao F M, Jones F R. Optimising the Interfacial Response of Glass Fibre Composites with a Functional Nanoscale Plasma Polymer Coating[J]. Composites Science and Technology, 2008, 68(15/16): 3161 - 3170.

[20] Yang C T, Song S L, Yan B II. Improving Machining Performance of Wire Electrochemical Discharge Machining by Adding SiC Abrasive to Electrolyte[J]. International Journal of Hydrogen Energy, 2006, 46(15): 2044 - 2050.

[21] Pajak P T, Desilva A K M, Harrison D K. Precision and Efficiency of Laser Assisted Jet Electrochemical Machining [J]. Precision Engineering, 2006, 30(3): 288 - 298.

[22] Yerokhin A L, Nie X, Leyland A, Matthews A, Dowey S J. Plasma Electrolysis for Surface Engineering [J]. Surface and Coatings Technology, 1999, 122: 73 - 93.

[23] Belkin P N, Ganchar V I, Davydov A D, Dikusar A I, Pasinkovskii E A. Anodic

Heating in Aqueous Solutions of Electrolytes and Its Use for Treating Metal Surfaces [J]. Surface Engineering and Applied Electrochemistry, 1997, 2(2): 1 – 15.

[24] Gupta P, Tenhundfeld G, Daigle E O, Ryabkov D. Electrolytic Plasma Technology: Science and Engineering—An Overview [J]. Surface and Coatings. Technology, 2007, 201(21): 8746 – 8760.

第四章　等离子体电化学表面的剥离和合金化原理

4.1　等离子体电化学表面的剥离机制

4.1.1　氢氧根析氧放电速率远大于化合和逸出的可操作依据

由于OH⁻与阳极金属离子的化合反应优先于放电析氧,因此,启动放电析氧机制的前提是OH⁻不得与阳极金属接触,或通过阳极表面OH⁻的传输速率远大于其化合消耗速率;同时,阳极表面需具备能够使析出O_2汇聚成核并在电场作用下部分离化的表面结构。在负电性离子的电极电位均小于OH⁻的高电导率电化学系统中,施加合适高压脉冲的极间电场,理论上可在阳极表面液固界面产生有等离子体参与的、机制与传统电化学不同的诸多物理化学现象:① 阳极侧液固界面可形成足以阻挡OH⁻与阳极直接接触的、由紧密相接的氧气泡组成的致密氧气隙膜;② 被氧气隙膜隔离的OH⁻以自放电析氧反应持续放出的电子,在电场驱动下以丝状电流穿过氧气隙膜时必然与O_2发生碰撞,足够强度与频次的碰撞将会使膜内O_2发生一定比例的离化;③ 丝状电流的焦耳热和O_2的离化热在促发未离化氧气泡长大的同时,伴生的离化冲击波还会将长大中的气泡击溃(溃灭),产生指向固体壁的空化力;④ 离化产生的$\cdot O_2^-$在电场力和离化热冲击作用下,有一定概率穿过氧气隙膜与阳极元素化合形成氧化物微粒,使阳极表面的反应微区因氧化而疏化;⑤ 未能与阳极元素形成氧化物微粒的$\cdot O_2^-$,将遵循$\cdot O_2^- + \cdot O_2^- - 4e = 2O_2$反应式,于氧气隙膜中处于复原与离化的动平衡状态,并借此动态平衡维持着液固界面离化热和空化力的强度水平。

4.1.2 氧气隙膜的离化条件及可控依据

随着产生的场强形成的氧气隙膜发生电致伸缩效应,电子向低阻值微区分配,微区出现阻抗陡降,电子的增量效应出现。在达到 10^8 V/m 的场强下,阳极凸起尖端的费米势垒宽度窄到同电子波长相近时,电子发射的隧道效应出现电子雪崩,电子浓度大于 10^{18} cm^{-3},出现了溶液—氧气隙膜—阳极的击穿导通,电阻率趋向无穷小,微区电流趋向陡升,发生满足能量守恒定律的电子发射。借助阳极的凸起尖端电子发射所产生的高电流密度的电子流,通过电阻焦耳热加热,在凸起尖端引发电子雪崩而碰撞电离,电子雪崩于微区自组织增强引发丝状脉冲电流。而阳极表面微观难以统计的丝状电流在宏观上发生氧气隙膜的离化。通过控制脉冲电压的频率、电压上升沿、峰值电流、脉宽,即每个脉冲的总能量 $E_{one} = \int u(t) \cdot i(t) \cdot dt$,其中 $u(t)$ 为脉冲电压, $i(t)$ 为脉冲电流,可控制脉冲放电释放的能量 $E_{out} = \int u(t) \cdot i(t) \cdot dt \cdot f$,其中 f 为脉冲频率,通过朗之万电子运动方程 $m_e \dfrac{dv}{dt} = -eE - \nu m_e v$ 进而控制离子强度的大小。电离、裂解、焦耳热、带电粒子流和电子流通道相互作用支配了电离过程,通过调控脉冲电源参数和处理液的工艺参数可以实现氧气隙膜离化过程的控制。

4.1.3 阳极表面氧气隙膜非聚缩离化伴生的物理化学现象

通过调控脉冲电压幅度和占空比大小,可使得阳极表面德拜屏蔽长度的双电层形成氧气隙膜,在异常辉光区与弧光区间放电击穿形成等离子体,调制峰值和占空比,使得电场耦合等离子体尺度以德拜长度整数倍增加,引起等离子体随脉冲峰谷升降,引发朗缪尔振荡,结果离化的氧气隙膜急剧膨胀与收缩,高速离化氧离子和电子形成的超声波与阳极表面作用释放热量,发生氧化反应,生成的氧化物粒子与等离子朗缪尔振荡波作用发生朗道阻尼,阳极表面出现瞬态稳态维持加热而致密化过程。而生成的氧化物粒子与等离子体朗缪尔振荡波作用发生朗道增长,使得氧化物分散,发生空化共振效应而产生疏化氧化物。氧等离子体朗缪尔振荡引起氧气隙膜内氧气在应力场作用下在界面附近溃灭,氧气泡变形成扁平形或橄榄球形,最后分裂、溃灭,并在溃灭前的瞬间,形成一束微射流,从分裂的气泡中通过,冲向阳极表面,氧化物空化剥离。氧气泡溃灭使气泡内所储存的势能转变成较小体积流体的动能,以冲击波的形式传递给阳极表面,使阳极表面产生应力脉冲,冲击波的反复作用使阳极表面出现疏化剥离。

随着析氧气隙膜的厚度增加,电压增大,氧气隙膜急剧膨胀与收缩离化。随着脉冲放电的扰动,发生的等离子朗缪尔振荡引发氧气气泡的溃灭,同时产生溃灭压力。氧气泡溃灭产生巨大的溃灭压力,强烈压缩周围的溶液而形成压力冲击波,并从溃灭中心以球状辐射波传播。氧气泡收缩过程中,由于泡内非溶解氧气的可压缩性,空泡收缩到最小尺寸以后,泡内压力将大于泡外压力,于是氧气泡急速反向膨胀,在液体中产生冲击波,反向膨胀速度越大,冲击波的强度越大,可使阳极表面发生疏化剥离。阳极表面粗糙度不同引起氧气隙膜薄厚差异,氧气气泡溃灭产生的射流压力到达阳极表面时的强度也不同。只有较大气泡溃灭时,其射流冲击阳极表面。气泡的非对称溃灭产生水锤作用,引发高速射流在阳极表面产生超声冲击波。气泡溃灭产生的射流压力和冲击波累积研磨阳极表面,空化力实现表面的疏化剥离。气泡溃灭的周期随液体表面张力的增大而减小,射流压强随表面张力的增大而增大。形成巨大的温度场和应力场,在膨胀势能和热辐射压力能的叠加下急速向外膨胀,再由于水介质的弱压缩性,实现了电能到机械能的高速转化,使其以超声波的形式传播出去形成了冲击压力波。

虽然在阴阳极导通瞬间,电解液中的负电性离子对阳极表面凸起脊有瞬态汇聚效应,但由于负电性离子与阳极金属反应生成物的电阻率较生成前有幂律量级的增大,低阻值分配定律将通过自组织反应驱使围绕凸起脊汇聚的负电性离子沿阳极表面均散。而实现此瞬态汇聚效应的稳态保持又是实现阳极表面逢高去除加工的前提。由于放电时间在微秒量级,放电电流高达 $10^2 \sim 10^5$ A 量级,获得的能量温度高达 10^4 摄氏度,高能密度达 $10^2 \sim 10^3$ J/cm^3 的离化热,冲击波压力达 10^4 MPa 膨胀速度达 $10^2 \sim 10^3$ m/s,发生物理效应,产生力效应,形成冲击波和 50 MPa 以上的超声空穴作用,发生光效应形成紫外光,化学效应产生活性物质,·OH,·O,·HO$_2$,H$_2$O$_2$,O$_3$。产生的氧气流量达 50 mL/min,产生等离子体离化放热、超声空化冲击波而具有空化力作用,在阳极表面发生疏化剥离效应等现象。

4.1.4 阳极表面脉冲放电诱发等离子体超声波剪切剥离的科学依据

与传统电化学以避免阳极表面形成气体为电场参量调制前提相反,等离子体电化学的剥离去除原理是:在其他离子参与阳极反应的竞争力不及等离子体的电化学体系中,当阴阳极间电场强度超过某临界值时,无论组成阳极金属的电极电位差异有多大,产生的气体将在阳极/溶液界面产生由近及远密度递减的气泡膜层,隔离负电性离子为等离子体的产生创造条件。邻近阳极/处理液界面的气泡密集膜层因脉冲电压产生的电场作用发生尖端放电而使等离子体形成。形成的等离子体的强度将遵循高压气体放电的双峰曲线规律,通过阴阳极间电压从(图4-1A)到(图4-1B)调制,即构建出等离子体参与阳极反应的等离子体电化学体系(图4-1C)。

图 4-1 阳极金属表面的等离子体层

(A) 弱离化状态;(B) 强离化状态。

其阳极表面发生的等离子体电化学与传统电化学过程的不同表现为:

1. 阳极表面脉冲放电诱发等离子体产生超声冲击波

阳极表面脉冲放电时间在微纳秒量级,放电电流高达 $10^2 \sim 10^5$ A 量级,能量密度达 $10^2 \sim 10^3$ J/cm^3。同时脉冲放电引起电致伸缩效应,结果电子向低阻值尖端分配,尖端出现阻抗陡降,电子出现增量效应。在达到 10^8 V/m 的场强下,其增量效应引发阳极尖端电子雪崩,电子浓度大于 10^{18} cm^{-3},出现了溶液—气泡—阳极的击穿导通,电阻率趋向于无穷小,尖端电流趋向陡升,发生满足能量守恒定律的电子发射。借助阳极尖端电子发射所产生的高密度的电子流,通过电阻焦耳热加热,在尖端处引发气体原子碰撞而电离,电子流于尖端自组织形成丝状电流。结果阳极表面形成等离子体产生的 $10^4 \sim 10^5$ K 的瞬态高温,并在液固界面形成 10^5 K/mm 的温度场。表面气泡的急剧膨胀与收缩,高速等离子体形成的冲击波作用于阳极表面,释放热量,发生物理化学反应,生成的纳米颗粒与等离子体冲击波耦合,产生共振效应而疏松剪切剥离颗粒。冲击波压力达 10^4 MPa,膨胀速度达 $10^2 \sim 10^3$ m/s,在阳极表面发生超声波剪切剥离累积研磨效应。通过调控脉冲电压幅度和占空比大小,阳极表面等离子体产生共振而气泡溃灭,形成超声冲击波空化,其储存的势能转变成较小体积流体的动能,沿气泡溃灭方向在阳极表面尖端产生剪切应力而剥离研磨。

2. 阳极表面放电诱发等离子体取代 OH^-

阳极表面脉冲放电诱发等离子体于尖端凝聚成核;放出的电子或穿过气泡的低阻值丝状通道以丝状电流形式传输至阳极,或在传输过程中与气体撞击,遵循外层电子满带原则,通过还原反应使气体解离成等离子体。等离子体中在电场作用下与阳极表面原子通过物理化学反应和剪切剥离研磨作用生成纳米颗粒。另外,由于等离子体在阳极表面尖端呈稳定的汇聚效应,无论是 OH^- 放电还是等离子体与阳极离子发生物理化学反应生成颗粒,都优先发生于尖端。由于 OH^- 与阳极金属离子的化合反应优先于放电,因此,启动放电机制的前提是 OH^- 不得与阳极表面直接接触,或阳极表面等离子体的传输速率远大于其化合消耗速率;同时,阳极表面需具备能够使析出气体汇聚成核并在脉冲放电形成等离子体超声冲击波剪切剥离研磨。在负电性离子的电极电位均小于 OH^- 的高电导率电化学系统中,施加合适高压脉冲的阴阳极间电场强度,理论上可在阳极表面产生有等离子体参与的、机制与传统电化学不同的诸多物理化学现象:

(1) 阳极表面可形成足以阻挡 OH^- 与阳极直接接触的、由紧密相接的气泡组成的气隙膜(图 4 - 2A);

(2) 被气隙膜隔离的 OH^- 持续放出的电子,在电场驱动下以丝状电流穿过等离子体膜时必然与气体发生碰撞,足够强度与频次的碰撞将会再次使气泡内气体形成一定比例的等离子体;

(3) 丝状电流的焦耳热和等离子体的热在促发未离化气泡长大的同时(图 4 - 2B),伴生的等离子体冲击波还会将长大中的气泡击溃(溃灭),产生指向阳极表面的超声冲击波空化;

（4）等离子体产生的负电性离子在电场强度和热等离子体冲击协同作用下，有一定的概率穿过气泡与阳极表面原子层形成纳米颗粒，使阳极表面尖端因超声冲击波空化剪切而疏松；

（5）未能与阳极原子形成颗粒的负电性离子，将遵循氧化还原反应，于气泡中处于复原与解离的动平衡状态，并借此动态平衡维持着液固界面等离子体和超声冲击波的强度水平。

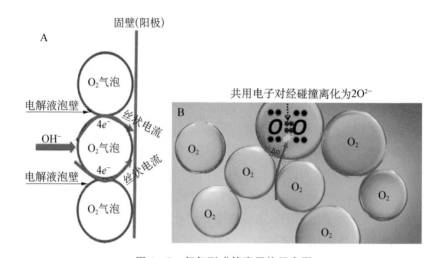

图 4-2　氧气形成等离子体示意图

（A）泡壁间隙的丝状电流；（B）电子传输碰撞离解。

3. 产生指向阳极表面的等离子体超声波剪切剥离力学机制

（1）空化剪切力的诱发机制

在传统电化学系统中，虽然在阴阳极导通瞬间，处理液中的负电性离子对阳极表面尖端呈汇聚效应，但由于负电性离子与阳极表面生成化合物的电阻率较生成前呈指数增长，低阻值分配定律将通过自组织反应驱使围绕尖端汇聚的负电性离子沿阳极表面均匀分布。而在等离子体电化学系统中实现等离子体在尖端呈稳定汇聚是实现阳极表面逢高去除加工的前提，因此调控脉冲电压波形是解决这一问题的途径。而随着阳极表面脉冲放电电压增大，气泡发生扰动急剧膨胀与收缩，诱发等离子体超声波振荡，引发气泡的溃灭，同时形成超声波。其超声冲击波空化产生巨大剪切应力，强烈压缩周围的溶液，并从溃灭中心以球状辐射波传播。气泡多次形成过程中，由于气泡内非溶解气体的可压缩性，气泡收缩到最小尺寸以后，气泡内压力将大于气泡外压力，于是气泡急速反向膨胀,在液体中产生冲击波,反向膨胀速度越大,负压冲击波的强度越大。阳极表面粗糙度不同引起气泡大小差异,气泡溃灭产生的压力到达阳极表面时的强度也不同。只有较大气泡溃灭时,其压力冲击阳极表面。气泡的非对称溃灭产生超声冲击波剪切效应,在阳极表面引发剪切应力,可使阳极表面发生剪切疏松剥离。

(2) 超声冲击波振荡效应

由于脉冲放电时间在微秒量级,放电电流高达 $10^2 \sim 10^5$ A 量级,获得的热等离子体的温度高达 10^4 度,高能密度达 $10^2 \sim 10^3$ J/cm^3。这一温度场环境不仅促发气体迅速凝聚成核发育成泡(图 4-3A),而且通过液固界面引发的高低温振荡引起强烈对流使气泡溃灭(图 4-3B)。此时,依据阳极表面固体壁的存在将使表面固体壁气泡内外形成剪切力(相当于气泡泡壁受到一个 Bjerknes 力作用)以及 Bjerknes 力并在驱使气泡溃灭时向壁面迁移过程中形成超声冲击波负压剪切(图 4-4C)这一力学原理,此时如在阴阳极间施加频率与电场强度合适的脉冲电场,阳极表面将持续受到 20~200 MPa 量级、指向阳

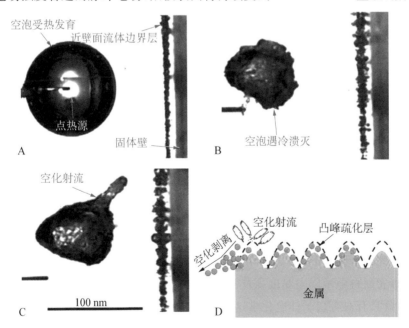

图 4-3　高速摄影下超声冲击波动力学过程与空化剥离机制

(A) 粘性流体中气泡受热源而发育;(B) 热源结束气泡受冷溃灭;(C) 气泡溃灭时产生的射流;
(D) 超声剥离与削峰至平。

极表面的剪切应力。这种被称为超声冲击波振动的负压剪切力学效应,将使生成的颗粒从阳极表面尖端疏松剥离研磨而去除。只要构建合适的脉冲电场环境,就会使得等离子体在尖端稳定汇聚,这种因脉冲放电、阴阳极间电场强度致等离子体超声冲击波剪切疏松剥离研磨机制将会对阳极表面于尖端进行逢高去除。此即阳极表面脉冲放电诱发等离子体超声波剪切剥离研磨的力学机制。

由以上分析可知:与电化学剥离受阳极组元电极电位和各物相的电阻率差异影响不同,阳极表面脉冲放电诱发等离子体超声冲击波剪切剥离去除过程不受组元影响。阳极表面脉冲放电诱发等离子体的电场环境、等离子体在尖端稳定聚缩及其超声冲击波剪切应力强度三个决定剥离行为的参量均可通过处理液配制和阴阳极间电场强度调控构建,无一受阳极金属的物理化学属性影响,因此理论上可实现对任何金属阳极表面进行等速率去除。

4.1.5　阳极表面氧气隙膜可控离化的共性技术思考

汇总以上理论,推演得出:阳极表面处于有空化力敲打、有离化热保持、有·O_2^- 疏化等传统电化学未能涉及的反应状态。如可对这种集力、热及·O_2^- 于一体的液固界面状态进行可控调制,则有可能实现如下应用技术开发:① 利用离化热和空化力的组合作用,有可能使可生长至百微米以上厚度、生长过程中处于胶体态的阀金属阳极氧化涂层晶化致密化重构,从而在 Al、Mg、Ti、Ha、Ta 等所有阀金属或合金表面,制备出百微米以上厚度的电绝缘高导热或热障抗氧化等高致密陶瓷层;② 利用·O_2^- 的氧化疏化和气泡溃灭的空化剥离效应,实现全金属组元和半导体材料表面的等速率无污损去除,解决高端钛镍基增材制造样的后续精整难题,为半导体器样等表面无污损平坦化方法提供创新思考。

因此,展开液固界面氧气隙膜离化强度可控的基础理论研究,并据此支撑阀金属表面百微米以上厚度高致密氧化物陶瓷层制备和无污损空化剥离技术开发,既具有对等离子体电化学这一交叉学科进行知识创新的科学意义,又能为解决制约新技术产业发展的技术难题提供原创性方法参考。

4.2 等离子体电化学表面的合金化原理

4.2.1 引言

　　等离子体电化学处理是传统的电化学和气体等离子体的交叉技术,已经被研究了多年。这个领域的第一个标志性工作由 Kellogg 完成。等离子体电化学处理与传统的电化合相比,电压要大很多,电极表面上会产生大量气体,从而能在阴极或阳极表面出现连续等离子体气隙膜,产生的等离子体增强了阳极表面的电化学过程。等离子体电化学技术在金属表面发生各种化学、电、机械和热的相互作用,能对金属的整个或局部表面进行处理,比如沉积涂层和合金化,热处理(硬化和退火)以及表面的清洁和抛光,使金属表面具有特殊的性能。等离子体电化学合金化属于等离子体电化学处理技术的一个分支,主要包括等离子体电化学渗碳、渗氮、渗硼以及碳、氮、硼多元扩散。等离子体电化学合金化相比传统的金属表面合金化工艺,以渗速快、成本低、工艺简单、环境友好等特点引起了众多学者的研究兴趣和关注。根据处理极性的不同,等离子体电化学合金化又分为阴极等离子体电化学合金化和阳极等离子体电化学合金化。阳极等离子体电化学合金化技术较阴极具有处理液毒性小(很多溶质都是无机物)、污染小、渗透功能更优的特点。由于阴极等离子体电化学合金化因放电作用会增加表面的粗糙度,相反,阳极等离子体电化学合金化因阳极溶解会降低表面粗糙度,且阳极等离子体电化学合金化所形成的氧化膜在一些情况下对表面具有活化催化作用。

　　目前对阳极等离子体电化学合金化的研究开展较少,主要运用在钢铁和钛合金上,且大部分研究集中在阳极等离子体电化学渗碳、渗氮,渗硼的研究到目前为止出现较少。另外,阳极等离子体电化学合金化技术及其反应机理研究尚未成熟。早在 1999 年,Yerokhin 简要综述了阴阳极等离子体电化学合金化技术,并结合已有的研究结果简单讨论了这两种技术的物理和化学特征,但没有对阳极等离子体电化学合金化技术进行详细阐述。Herbert H. Kellogg 研究了阳极等离子体电化学合金化处理时的阳极效应,得出了其与熔盐电解过程中的阳极效应相似的结论。Belkin 综述了阳极等离子体电化学合金化处理过程中的加热和电化学特性,阐述了利用该技术提高电极样表面性能的可能性。P. Gupta 从试验结果和理论猜想的角度,综述了对阴阳极等离子体电化学合金化技术基本原理的认识。国内研究学者李杰、魏同波和樊新民等曾写过关于阳极等离子体电化学合金化方面的综述性文献,但侧重点都在于阴极等离子体电化学合金化的研究,尚无阳极等离子体电化学合金化技术的研究。

结合近年来阳极等离子体电化学合金化研究中的一些结论,包括科学机理、处理工艺以及渗透材料表面的组织结构和性能的研究现状,介绍阳极等离子体电化学合金化的研究和应用前景很有必要,对进一步推动阳极等离子体电化学合金化技术的发展有一定的理论指导意义。

4.2.2 阳极等离子体电化学合金化处理过程中的物理化学特性

1. 热特性

热效应是等离子体电化学处理过程中最基本的效应。等离子体电化学处理过程中的热量来源有欧姆热、电化学反应热、离子碰撞转换反应产生的能量。等离子体放电区瞬间温度很高,Van 等认为其温度会超过 2 000℃,Krysmann 计算等离子体放电区域温度可到 8 000 K。高温能实现常温下难以发生的反应,同时因处理液的急冷作用,金属材料表面容易生成亚稳相和合金相。等离子体中心热源和以其为中心的冷却区域所组成的放电通道结构不同,导致各研究中放电温度不同。Belkin 认为阳极等离子体电化学处理加热是在一个金属电极—气隙膜—处理液三相体系中进行的,但该观点与实验不完全相符,因为阳极金属电极表面还包含氧化层。其中,气隙膜是热量释放的通道,也是电能释放的主要区域。金属阳极表面温度达到 200℃以上,才能形成既完整又稳定的气隙膜。只有数十微米厚的气隙膜层的绝缘电阻热可以使金属阳极表面快速被加热到极高的温度,其击穿产生的等离子体可以对不同的合金进行各种热处理。阳极等离子体电化学处理过程中的机械、热、化学和电的共同作用形成了材料的特殊表面微观结构。

阳极等离子体电化学处理体系中包含了三种热量流通方式,分别是气隙膜/处理液界面中的热通量、处理液蒸发的热通量和气隙膜/金属电极界面的热通量。Belkin P. N.在考虑或者不考虑空间电荷的影响下,计算出了气隙膜中的热源体积功率,还详细研究了钛合金阳极等离子体电化学处理时的热交换关系,通过实验确定了从气隙膜到金属阳极、处理液、大气中的热流密度,实际的热交换特性受到流体力学、处理液组成和试样特性的影响。在不同的边界条件下,运用气隙膜内的热传导方程,计算出了气隙膜内的温度分布,测试出了阳极加热的电压-温度特性曲线。典型的阳极加热电压-温度特性曲线的特征是随着电压的增加阳极试样表面的温度先快速升高后缓慢降低。Belkin 认为有两方面的原因:一方面,处理液在放电过程中溅射到阳极表面并瞬间使其冷却;另一方面,离子轰击阳极表面金属使其熔融,瞬间冷却。

阳极等离子体电化学处理过程的热特性与阳极材料有一定关系,Shadrin研究发现,在相同的处理条件下,钛合金与钢材相比,表面温度更高,这可能与材料的热导率有关。而气隙膜/处理液界面的热通量由系统中的能量输出决定,与阳极材料无关。

2. 传质特性

微观上,在等离子体的高温高压作用下,阳极等离子体电化学处理时的阴离子向金属阳极表面迁移,并生成了大量溶液中不稳定化合物分解出的活性原子(如 C、N、B 等原子)。活性元素可能扩散进入金属阳极表面实现固溶或合金化。与传统的热力学合金化方法相比,等离子体电化学技术更容易实现元素表面扩散。等离子体电化学处理过程中,非金属的有效扩散系数可以提高 $2\sim3$ 倍,金属元素的扩散系数可以提高 $0.3\sim0.5$ 倍。在极短的时间内($3\sim5$ min),等离子体电化学的试样表面最大可以获得 $200\sim300$ μm 的扩散层。金属表面扩散元素的含量受气隙膜内该元素含量的影响。

阳极等离子体电化学表面合金层形成的同时,也伴有氧化过程,氧化物通常都出现在碳化物、氮化物或硼化物的外层。氧化层的相组成取决于处理液的组成和金属基体的成分。在含有乙腈的处理液中进行阳极等离子体电化学碳氮共渗,20 钢表面生成了 ζ-Fe_2O_3、FeO 和 Fe_3O。在氯化铵和硼酸溶液中进行渗硼处理,45 钢表面生成了 FeO 和 Fe_3O_4。在氯化铵和甘油溶液中对工业纯铁渗碳,在表面发现了 FeO 和 γ-Fe_2O_3。在氯化铵和氨水溶液中对商业纯钛及其合金进行渗氮处理,在其表面得到了 TiO_2(金红石)和 TiO。一般地,氧化物是缺位固溶体,有晶格缺陷。这种结构促进了基体材料中原子的扩散迁移率,基体元素可以移动到表面,形成新的氧化物,加速氧化过程。并且阳极加热后最外层的氧化层包含了小孔和裂纹,它们确保了试样中的原子能够进入溶液中,氧气能从气隙膜中进入金属的表面膜层,同时也允许氮、碳、硼等原子更易渗入基体中。另外,在电化学反应和高温的作用下,金属电极表面除了会生成氧化物外,还会发生一定的氧化物溶解,一部分金属原子会扩散到处理液中,使金属电极本身的重量发生变化。Belkin等研究发现,处理液中铁的溶解质量超过了钢的溶解质量,造成这种差异的原因是两者表层形成不同量的氧化层。因此,在阳极等离子体电化学处理过程中,试样质量的变化反映了基体元素、氧原子和扩散原子在金属表面转移的整个过程。

阳极等离子体电化学改性层的结构与扩散元素含量和阳极与气隙膜界面上同时发生的多个过程有关,其中包括阳极的溶解、试样表面的氧化和扩散物质的扩散过程。

宏观上,在强电场的作用下,宏观颗粒从处理液中向金属电极表面迁移形成沉积涂层。同样,宏观颗粒也会从电极表面迁移至处理液中,该现象可以实现金属表面清洁和抛光。此过程受到水合作用、颗粒电荷、流体效应的影响。

3. 电特性

结合前人相关的研究经验和实际实验结果,对阳极等离子体电化学处理时的电流电压特性总结如下,图4-4是阳极等离子体电化学处理时的电流电压特性曲线示意图,图4-5(a)~(d)分别对应电流电压曲线中$U_0 \sim U_1$、$U_1 \sim U_2$、$U_2 \sim U_3$和U_3后各阶段的放电模型图。

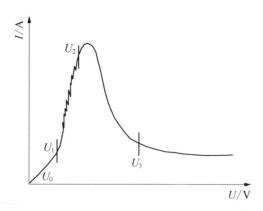

图4-4 阳极等离子电化学处理电流电压特性曲线

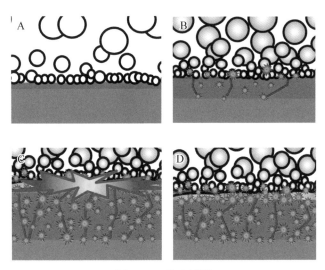

图4-5　放电模型

电路的电流电压曲线的第一阶段($U_0 \sim U_1$)，电流几乎随着电压线性增长。气泡形成非常迅速，接着脱离电极，然后快速上升到电解液的表面。随着电压的升高，气泡数量增多。这一过程安静且稳定。

第二阶段($U_1 \sim U_2$)，电路中的电流电压曲线开始变得不稳定。更多气泡在阳极表面生成，阳极表面的处理液因温度的急剧升高发生喷溅，气泡继续不断从阳极上面脱离，此过程伴有喷溅声和嘶嘶声。由于阳极表面的处理液温度逐渐接近沸点，气泡中形成有凝聚的蒸汽。此阶段，电流会随着电压的升高迅速增大，但受到阳极表面的气态产物和氧化膜限制。电流迅速增大与处理液和阳极表面的气体及氧化层均有关。对于处理液而言，电压升高，电场增强，处理液中向阳极移动的离子数量增多；对于阳极表面的气体而言，在高电场和热电离作用下，产生电子，甚至产生二次电子。此时的阳极表面附近的气体中有少量分散的发光现象，此现象被称为气体击穿。特别地，表面局部的氧化膜中也会发生气体击穿，因为氧化膜是多孔结构，孔底出现的气泡发生击穿，在氧化膜内形成放电的通道。阳极表面的氧化层在一定电压下会发生溶解，对电流的流通阻碍减小，使电流增大；且当其电场强度超过一个临界值时，氧化层会发生碰撞电离或者穿隧电离。这时，可以看到有零星的火花在氧化层表面快速移动，这也会促使氧化层进一步生长。由于以上三方面原因，最终产生电子雪崩，电流迅速增大。

实际上,前两个阶段持续时间很短,一般通过测试方法很难获得电流电压特性曲线的前两个阶段。

第三阶段($U_2 \sim U_3$),曲线进入转变阶段,前一阶段中较响的喷溅声和嘶嘶声停止。进一步增加电压,电流增加缓慢甚至会降低(如图 4-4 所示),这是因为阳极表面的气泡密度和厚度达到生成气隙膜的条件,低电导率的气隙膜将整个阳极表面包围,使其与处理液完全分离,增大了系统中的电阻,且阳极表面的氧化层厚度随时间延长进一步增大,击穿变得更加困难。此时压降主要在接近电极的气隙膜和氧化膜中,这个带电区域的电场强度可达 $10^6 \sim 10^8$ V/m,加强了气体层和氧化膜的击穿电离,在金属电极周围形成连续的等离子鞘层。因此,在处理前期阳极表面是微小的火花,到该阶段会引发全面性的辉光放电。有人称之为阳极效应现象。Yerokhin 讨论过,氧化膜和气体层的击穿是等离子体电化学处理时的两种极端情况,而这两种情况在实际的阳极等离子体电化学处理过程中可能同时存在。在电压从 U_2 升到 U_3 点的过程中,辉光放电处于一定的稳定状态(自激放电),称为等离子体稳定阶段,该阶段是控制表面处理的重要阶段,这一区域也叫 Kellogg 区域。Mazza B.的研究表明,最初产生稳定等离子体条件的临界电流密度取决于许多因素,比如电极的形状、尺寸大小和电极位置。

第四阶段(U_3 后),当施加的电压超过 U_3 时,稳定的辉光放电逐渐变成较强的电弧,整个阳极被弧光包围,并伴有低频的声音发出。弧光的颜色与阳极材料和处理液中的金属离子种类有关,如橘黄色的弧光出现在 $NaHCO_3$ 溶液中,蓝颜色的弧光出现在 $ZnSO_4$ 溶液中,这是由于不同的元素产生的光波长不同。此时的电流趋于稳定或略有下降,因为大面积的氧化层厚度变大,热电离过程越来越难进行,导致放电衰退。当电压超过一定值后,电弧放电增强并穿透氧化层直到基体上,这有可能造成基体表面的破坏。Kellogg 认为由于此时的阳极电极温度会很高,可能达到 750℃,若突然断开电路,阳极相当于在水中淬火。还认为阳极等离子体电化学处理时阳极表面行为随着电压的变化是可逆的。

曲线上的特征电压 U_i 已经可以通过以理论或实际为基础的公式进行十分准确的计算。Yerokhin 利用气泡转变为气隙膜的临界焦耳热,对等离子体电化学的击穿电位范围进行了估算。研究表明,等离子体电化学所需施加的电压较微弧氧化低几百伏。不同的阳极等离子体电化学处理体系中,特定电压下的电流大小不一,这与处理液的成分、浓度、阳极材料、机械振动均有关。

Belkin 在研究纯钛在不同浓度的氯化铵溶液中的处理时发现,系统中的电流取决于处理液的浓度。在电压超过 230 V 时,氯化铵浓度超过 10%,电流增大,氯化铵浓度低于 10%,电流持续减小。Mazza B.研究表明,电极的几何形状和处理槽(搅拌)的机械振动均会对放电的临界电流密度产生影响。另外,Tyurin 还发现动态系统中的放电电压比静态系统中的要更高,这与 Gupta 观察到动态系统中的放电电压升高是一致的。

另外,在等离子体电化学处理期间,脉冲频率和占空比对放电特性有显著影响。脉冲频率和占空比共同决定单位时间内的能量输入。总的输入能量固定的情况下,当占空比一定,增加频率会减小单个脉冲的输入能量,这会降低放电强度,增加放电通道数量,使高频下得到的电极表面更光滑。而当脉冲频率一定,占空比决定了单个脉冲的输入能量。

4. 电化学特性

阳极等离子体电化学处理的一个重要特点是形成特殊的表面结构,如高温亚稳相、非平衡固溶体、复杂化合物等。这些物质都是由电极表面经电化学反应产生的,这些反应可能在持续放电的气隙膜中发生,也有可能直接在电极表面的氧化层中发生。

阳极等离子体电化学反应分为电离和凝固冷却两个阶段。处理液中的阴离子向阳极表面移动,在放电瞬间,由于高温高压的作用,电离过程表现为放电隧道中的扩散物质迅速离子化并在阳极表面参加反应。凝固过程表现为等离子体形式反应产物在放电通道内发生冷却。由于冷速较快,高温相、过饱和固溶体和非平衡化合物都可在室温条件下形成。根据热力学定律,结合反应体系相图,可以推算出放电过程中的产物。

在阳极-气隙膜界面,伴随元素的渗入还有阳极表面的氧化和氧化层的溶解,氧化层的形成和溶解是电化学和化学过程,这取决于处理液的阴离子种类及浓度,这是由气隙膜的阴离子传导机制证实的。例如,在硝酸-甘油-氯化铵溶液中比在氯化物-尿素溶液中的试样氧化程度更大。在氯化铵溶液中,钢表面的氧化层容易溶解,在硝酸铵、硫酸铵或醋酸盐中不易溶解。在相同的处理温度($950℃$)下,当氯化铵浓度从 5% 增加到 10%,钢表面的氧化层溶解速率会增大。但进一步增加氯化铵的浓度达到 15%,氧化膜的溶解速率会减小。另外,阳极表面的氧化和氧化层的溶解还与处理温度有关。阳极表面氧化和氧化层的溶解随着处理温度的升高而增强。Belkin 发现随着电压的升高,处理温度上升,氧化层的溶解速率加快。当电压升高到某一值时,处理温度达到最大,氧化层的溶解速率达到最大。进一步升高电压,氧化层的溶解速率减小,说明温度影响氧化层的溶解速率而不是电压,这证实了高温腐蚀的重要意义。

4.3 氮、碳粒子的产生和吸附运动模型

目前阳极等离子体电化学合金化的研究,主要集中在钢铁和钛合金上,主要实现的是碳和氮原子的扩散,渗硼研究目前较少。等离子体电化学合金层的结构主要由三部分组成,分别是表面最外层的氧化层、次层的金属化合物层和内部的扩散层。阳极等离子体电化学合金化技术主要提高金属表面的耐磨性能和硬度,耐蚀性能因表面生成的氧化层也有所提高。电化学溶解和氧化层的形成确定了试样表面不同的粗糙度。处理时间、处理液的组分及浓度、处理温度、电参数都是影响阳极等离子体电化学合金层组织与性能的主要因素。下面综述了近年来阳极等离子体电化学合金化研究中的一些结论。

4.3.1 阳极等离子体电化学合金化层

1. 钢铁阳极等离子体电化学合金层组织和性能

李俊雄在乙酰胺-甘油-氯化钠溶液中对铸铁进行了阳极等离子体电化学碳氮共渗。实验结果表明:在 700 V 下处理 2 min 的扩散层性能组合最佳。碳氮共渗层由氮铁化物和碳铁化物组成,阳极表面的硬度和耐磨性提高。处理 1 min 的阳极表面耐蚀性最高,腐蚀电流密度为 1.453×10^{-4} A/cm^2,极化电阻为 180.9 Ω。碳氮共渗表面粗糙度变大,但表面的摩擦系数降低。Kusmanov 等分别研究了低碳钢(0.2% C)在尿素(5~20 wt.%)和氯化铵(5~20 wt.%)溶液中,在含有乙腈的处理液中,在氨水、丙酮和氯化铵溶液中,阳极等离子体电化学碳氮共渗后的组织和性能。阳极碳氮共渗层由外部多孔铁氧化物层(ζ - Fe$_2$O$_3$、FeO、Fe$_3$O 等)、含有分散的铁氮化物和铁碳化物的化合物层(Fe$_4$N、FeN$_{0.5}$、Fe$_4$C 等)和高浓度碳扩散层组成。在适当的工艺参数下,可以获得 0.22 mm 厚的硬化层,最高硬度可达 930 HV,表面粗糙度可以下降到

0.054 μm。碳氮共渗低碳钢的摩擦系数降低,耐磨性提高。Kusmanov 研究了硝酸铵、甘油和氯化铵的组分浓度对低碳钢(0.2%C)结构与性能的影响。硝酸铵浓度从 5% 增加到 15% 会增加氧化层的厚度和减小碳氮化物层的厚度。甘油浓度从 4% 增加到 12%,也会导致氧化层增厚,但对碳氮共渗层的厚度影响甚微。氯化铵浓度从 5% 提高到 15% 可以提高阳极的溶解速度,减小氧化层厚度,并提高氮化层厚度。Kusmanov 利用等离子体电化学合金化技术,在 10% 氯化铵和 5% 硼酸溶液中对中碳钢(0.45%C)进行了渗硼处理。表面改性层由氧化物层(FeO 和 Fe_3O_4)及马氏体硼化物层(Fe_2B、FeB、马氏体和残余奥氏体)组成。渗硼试样的硬化层厚度可达 0.11 mm,硬度最高可达 1 800 HV,粗糙度减少为原来的 1/4。渗硼表面与轴承钢摩擦副在大气环境下进行干摩擦,磨损率最小只有基体的 1/16。干摩擦系数降低到原始基体的 1/6。Kusmanov 在氯化铵和甘油溶液中,对低碳钢(0.1%C)进行阳极等离子体电化学渗碳。渗碳试样表面粗糙度从 0.42 μm 降低到了 0.07~0.08 μm。增加氯化铵浓度且降低甘油含量,能够降低表面粗糙度。渗层最高硬度可达 700 HV。Kusmanov 研究发现,在不同氧化能力的含碳化合物(丙酮、甘油、蔗糖和乙二醇)中对 20 钢进行阳极等离子体电化学渗碳,碳原子的平均扩散系数不同,且氧化层会减慢渗碳速率。调整处理液组分、浓度和处理工艺,可以控制氧化层的厚度和孔隙率。渗碳表面的粗糙度可以从 0.62±0.02 μm 降低到 0.22±0.02 μm。Kusmanov 等分别在含有氯化铵(5~17.5 wt.%)和硝酸铵(5~17.5 wt.%)的溶液中与含有 5 wt.% 氨水和 10 wt.% 氯化铵溶液中,对中低碳钢进行了阳极等离子体电化学渗氮。研究结果表明:渗氮表面由氧化物-氮化物层($Fe_{2-3}N$、Fe_4N 和 Fe_3O_4)、氮化物-马氏体层和马氏体-珠光体层组成。表面最高硬度可达 1 060 HV,最小粗糙度降低到了 1.07 μm。渗氮后钢试样表面的耐磨性和耐蚀性均提高。

　　一切渗入法化学热处理的过程一般都可以分为三个互相衔接而又基本同时进行的阶段:活性原子(初生的、未结合成分子的原子)的产生、吸附和扩散。本章将主要讲述等离子体电化学氮碳共渗过程中氮、碳活性等离子体的产生和吸附过程。

　　等离子体电化学氮碳共渗是通过在阴极试样与辅助电极间施加一定的电压,在阴极表面附近发生气隙膜击穿放电现象,溶液中有机化合物发生分解,形成等离子体,在试样表面实现快速渗入氮、碳的等离子体表面改性新技术。

　　在已有可查阅的文献中,关于处理溶液中等离子体的产生过程只有理论基础方面的阐述,而并无实际检测数据的验证,因此有关等离子体产生和吸附过程的研究尚不够全面。等离子体的产生和吸附过程机理对试样的尺寸精度和性能以及后续处理工作至关重要。通过实验过程中的现象及检测数据,确定了等离子体电化学氮碳共渗过程中氮、碳粒子的产生和吸附过程,并建立了相应的粒子运动模型。

2. 钢铁阳极等离子体电化学碳氮扩散过程

　　等离子体电化学氮碳共渗过程中氮、碳粒子的来源主要是由处理溶液中的有机化合物,即尿素在微弧放电过程中发生分解产生的,其热力学和动力学问题与传统化学热处理技术相类似。以下从微弧放电过程的现象及处理溶液发生的粒子变化等方面阐述氮、碳粒子的产生过程。

　　图4-6是等离子体电化学氮碳共渗过程中电流密度随着电压变化的曲线图。此过程具有等离子体电化学电解沉积的2个明显特征,即电解过程和等离子体电化学过程。能够在电极表面的附近实现稳定的击穿放电是该工艺技术顺利进行的首要条件。与微弧氧化的氧化膜本身击穿放电形式不同,等离子体电化学氮碳共渗是在表面附近连续产生的气隙膜击穿放电。因此需要在试样表面产生大量的气体,从而形成导电性相对较差的气隙膜,将溶液与电极表面隔开。气体的主要来源是电极附近的溶液被加热而沸腾汽化,以及电极表面发生的电解反应生成物。Sengupta S.K.等学者通过实验验证了溶液沸腾汽化是形成气隙膜的主要因素。

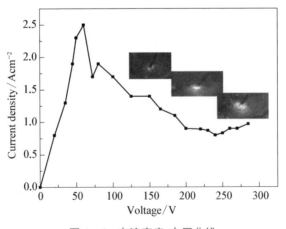

图4-6　电流密度-电压曲线

根据等离子体电化学氮碳共渗过程中的现象观察,可以把图 4-6 中的曲线大致分为 4 个阶段:① 从 0 到 50 V 时,电流密度急剧增加到最大值,电极表面产生了大量的气泡。实验表明,在此阶段的早期,电流随电压的变化规律与法拉第定律相符合,但是此阶段的后期产生的气体量明显超出了法拉第定律所决定的气体量,所以已不再满足法拉第定律。② 此后,电流密度开始不断降低,在电压达到 160 V 左右时,由于试样表面产生的大量气泡形成了气隙膜,溶液与电极被隔开,气隙膜的导电性没有液体导电性好,成为电压集中的部分,电压很容易达到击穿电压而放电,因此出现了等离子体放电现象。这与过度沸腾中的"干斑"形成过程极其类似。③ 当电压为 240 V 左右时,电流密度达到了最低值,这时候的气体放电激烈,覆盖了整个试样的表面。④ 电流密度达到最低值后,由于放电强度增大的影响,电流密度将略有升高,电流密度值在 1 A/cm² 上下浮动。前三个阶段在数秒内即可完成,随后试样一直处于第四阶段,直至处理过程结束。

在整个等离子体电化学氮碳共渗实验过程中会产生大量的热,这些热量将对电极和溶液进行加热,一方面使得电极表面附近的溶液沸腾汽化,形成连续的气隙膜,气隙膜击穿放电即等离子体放电;另一方面会快速加热试样的表面,因此在等离子体电化学氮碳共渗过程中不再需要对电极进行额外加热就可以使电极表面达到氮碳共渗时所需要的最低温度。利用 VICTOR-6056C 钳形多用表和 RAYTEK.MT6 红外测温仪对正在放电的 Q235 钢表面及附近处理溶液进行温度测量工作,发现电极表面的温度在极短的时间内就可以达到数百摄氏度,这与施加的电压有着密切的关系,而试样附近 2 cm 内的处理溶液只有 100℃ 左右。电极表面附近的气隙膜击穿放电将在放电区域内形成局部的高温、高压环境,处理溶液中的各种组分在此环境中开始发生分解反应,作为渗剂的尿素将分解出氮碳共渗所需的活性氮、碳粒子,这些活性粒子会以较高的能量轰击电极的表面并吸附在表面,当吸附的氮、碳粒子浓度达到一定数值后,氮、碳活性粒子将由表面向内部扩散,随着氮碳共渗层深度的增加,浓度会逐渐降低。由于原子半径小,氮、碳粒子在金属中将形成固溶体,达到一定浓度后,首先在电极表面形成化合物。等离子体电化学放电的热效应对电极加热使表面的温度升高,降低了扩散活化能(即原子迁移能),提高了扩散系数,促进了氮、碳粒子的扩散过程。此外,电场放电提高了电极表面的活性和吸附能力,因为粒子的轰击引起了电极表面的晶格畸变,导致等离子电化学氮碳共渗技术具有非常高的扩散系数,从而使氮碳共渗的效率得到大幅提高。

4.3.2　处理溶液紫外光谱分析

紫外光谱图是由横坐标、纵坐标和吸收曲线组成的。横坐标为紫外光的吸收波长,单位是纳米(nm),纵坐标为溶液的吸光强度,单位即为吸光度 A,蒸馏水的吸光度即为 0 A。图 4-7A 为蒸馏水紫外光谱扫描曲线,由图中曲线可以看出,吸光度基本维持在 0 A 附近,根据吸光度的原理公式:$A=-\log I/I_0$,A 为吸光度,也叫光密度,I 为透过光强度,I_0 为入射光强度。可知由于蒸馏水为无色透明溶液,紫外光穿过溶液时,蒸馏水未对光线吸收,紫外光完全透过蒸馏水。扫描曲线上没有出现波峰/谷,说明溶液中无杂质,由此说明在进行后续溶液紫外光谱扫描前,盛放溶液的玻璃器皿中无杂质无污染物,本次紫外光谱扫描曲线数值可靠有效。由于分子、原子或离子具有不连续的量子化能级,根据文献可知,溶液中的物质对紫外光的吸收遵循以下原理:仅当照射光光子的能量($h\nu$)与被照射物质粒子的基态和激发态能量之差相当时才能发生吸收。不同的物质微粒由于结构不同而具有不同的量子化能级,其能量差也不相同。

图 4-7B~F 为等离子体电化学氮碳共渗溶液处理时间为 0 分钟、5 分钟、10 分钟、15 分钟、20 分钟的紫外光谱扫描曲线。在处理时间为 0 分钟时,即尚未进行等离子电化学氮碳共渗的原溶液,吸光度在 1.5 A~2.5 A 范围内,出现的波峰/谷由低到高为 197 nm、202 nm、204 nm、206 nm 和 210 nm;在处理时间为 5 分钟时,处理溶液的吸光度仍然维持在 1.5~2.5 A 范围内,此时出现的波峰/谷由低到高为 197 nm、199 nm、201 nm、205 nm、209 nm、212 nm 和 217 nm;在处理时间为 10 分钟时,处理溶液的吸光度在 1.6~3.0 A 范围内,此时出现的波峰/谷由低到高为 192 nm、200 nm、203 nm、207 nm、212 nm、214 nm 和 220 nm;在处理时间为 15 分钟时,处理溶液的吸光度在 1.7~3.0 A 范围内,此时出现的波峰/谷由低到高为 194 nm、199 nm、203 nm、208 nm、214 nm、217 nm 和 223 nm;在处理时间为 20 分钟时,处理溶液的吸光度在 1.8~3.2 A 范围内,此时出现的波峰/谷由低到高为 194 nm、198 nm、202 nm、208 nm、214 nm、217 nm、221 nm、223 nm、225 nm 和 228 nm。从以上分析说明发现,随着溶液处理时间的延长,溶液吸光度越来越高,曲线上出

现的波峰/谷越来越多,且 200 nm 以上的波峰/谷越来越多,最长吸收波长越来越大。

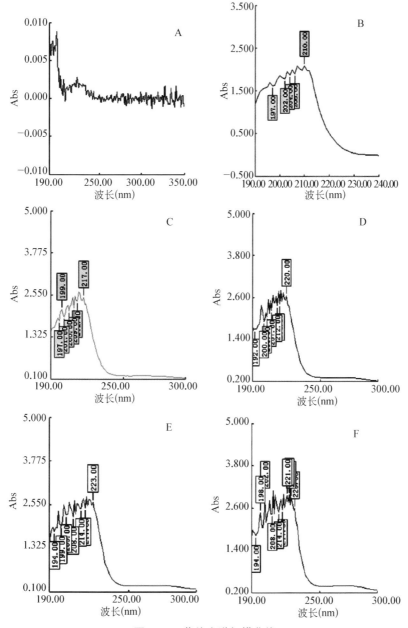

图 4-7　紫外光谱扫描曲线

(A) 蒸馏水紫外光谱扫描曲线;(B) 0 分钟;(C) 5 分钟;(D) 10 分钟;(E) 15 分钟;(F) 20 分钟。

在处理溶液的原溶液中,主要成分为尿素,其化学式为 $CO(NH_2)_2$,因此在紫外光谱扫描时,$C=O$ 和 $NH-C=O$ 基团为生色团,$-NH_2$ 为助色团,蒸馏水为溶剂。图 4-7B~F 中处理溶液的最大吸收波长分别为 210 nm,217 nm,220 nm,223 nm 和 228 nm,属于近紫外光区,这是因为紫外吸收光谱是分子中价电子的跃迁而产生的,紫外吸收光谱的波长范围是 100~400 nm,其中 100~200 nm 为远紫外区,在该波长范围内,空气中的 N_2,O_2,CO_2,H_2O 等都会有吸收,因此只有在真空中进行研究,又称真空紫外;而 200~400 nm 为近紫外区,一般的紫外光谱是指近紫外区;400~800 nm 为可见光区波长。

根据吸收能量与波长的关系式:$\Delta E=h\nu=h\,c/\lambda$,$h=4.135\,667\times10^{-15}$ eV·s,ν 是光的频率,c 是光的速度,λ 是光的波长。则分子中电子跃迁时价电子吸收能量分别约为 5.90 eV,5.72 eV,5.64 eV,5.56 eV 和 5.51 eV,发生了不饱和化合物的电子能级跃迁,主要为 $n\rightarrow\sigma^*$,$\pi\rightarrow\pi^*$,$n\rightarrow\pi^*$ 能级跃迁。根据文献可知,当一束光照射到某物质或其溶液时,组成该物质的分子、原子或离子与光子发生"碰撞",光子的能量就转移到分子、原子上,使这些粒子由最低能态(基态)跃迁到较高能态(激发态):$M+h\nu\longrightarrow M^*$。而有机分子主要有三种价电子:形成单键的 σ 电子、形成双键的 π 电子和未成键的孤对电子(n 电子)。各种跃迁所需能量的大小顺序为:$\sigma\longrightarrow\sigma^*>\sigma\longrightarrow\pi^*>\pi\longrightarrow\sigma^*>n\longrightarrow\sigma^*>\pi\longrightarrow\pi^*>n\longrightarrow\pi^*$。由于处理溶液含有的分子中存在 C,O,N 等原子,故溶液中存在双键并处于共轭状态的生色团(或发色团),主要为 $C=C$,$C=O$,$N=N$,NO,NO_2 等。且最大吸收波长的增加幅度较小,只有几个纳米,这是由于溶液中存在助色团 $-NH_2$,发生了吸收峰红移现象(由于溶剂或取代基团影响吸收波长增加)。吸光度随着溶液处理时间的增加而增加,说明溶液中共轭双键越来越多。由此说明经过溶液等离子体电化学氮碳共渗处理后,处理液被逐渐分解为由碳、氮、氧组合的共轭双键,且处理时间越长,共轭双键越多,即碳、氮、氧原子越多。

等离子体电化学氮碳共渗工艺过程中,对试样表面的氮、碳粒子吸附过程进行分析,首先对三组在不同参数控制下(表 4-1)经过等离子体电化学氮碳共渗的电极进行表面宏观变化和微观形貌变化对比,初步确定氮、碳粒子对电极表面的形貌影响。然后利用 AES 和 XPS 检测方法对试样表面含有的元素种类及其原子含量和价态进行检测分析,推断出氮、碳粒子在试样表面的吸附方式和形态。

表 4-1　不同试验参数的试样

试样编号	工作电压(V)	处理时间(分钟)
1	220	10
2	220	20
3	250	20

　　图 4-8A 是试样在不同实验参数下，经过等离子体电化学氮碳共渗前后的宏观形貌。图 4-8B 是电极表面在不同实验参数下，经过等离子体电化学氮碳共渗前后的表面微观形貌。基体材料为 Q235 钢的试样 1～3 经过 Al_2O_3 静电砂纸从 240 目至 1 000 目逐级打磨后表面光亮如镜，如图 4-8A 中的原表面，在电子显微镜下放大 300 倍后，电极表面出现同一方向的轻微划痕。然后将原表面分别进行不同实验参数的等离子体电化学氮碳共渗，表面外观颜色稍稍变深，呈铅灰色，且电极表面经过等离子体电化学处理的部分出现大量均匀分布的斑点痕迹，斑点相对稀疏，如图 4-8B 中的试样 1，对应的微观形貌如图4-8B。随着处理时间和工作电压的增加，电极表面外观颜色加深，由铅灰色变为黑色，分析认为这是由于电极表面沉积了大量的氮、碳元素，且表面的斑点逐渐减少，但是分布相对稠密，如图 4-8 中的试样 2 和 3，对应的微观形貌如图 4-8C 和 D。

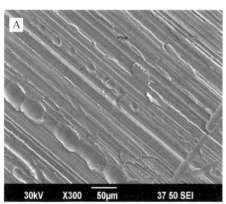

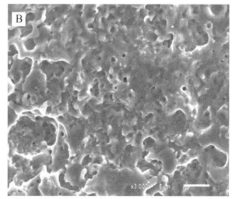

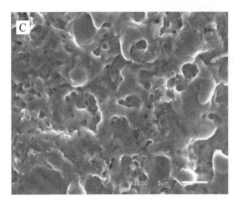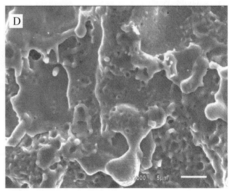

图 4 - 8　试样表面显微形态

(A) 原样;(B) 试样 1;(C) 试样 2;(D) 试样 3。

　　图 4 - 8B 是试样 1 的表面微观形貌图,图 4 - 8C 是试样 2 的表面微观形貌图,图 4 - 8D 是试样 3 的表面微观形貌图。由图 4 - 8A~D 可见,经等离子体电化学氮碳共渗后的电极表面微观形貌呈"桔皮状"形貌,这主要是基体在与电极放电时发生熔化,金属熔滴在高能脉冲放电作用下"溅射"在基体表面形成的。等离子体电化学氮碳共渗是利用高压下电极表面附近形成的气隙膜击穿放电,促使溶液中的有机化合物尿素分解出氮、碳活性粒子并快速渗入电极形成渗层的过程,所以电极表面在放电作用下形成大小不一的凹坑,且边缘有重熔向外喷涌的痕迹,这是等离子体电解沉积层表面形貌的典型特征。其中凹坑被视作等离子体电化学氮碳共渗过程中的放电通道,此现象非常有益于电极在润湿条件下的摩擦磨损性能。此外,由于在等离子体电化学氮碳共渗过程中,电极表面温度很高,实验结束时即停止对试样加热,因此经等离子体电化学氮碳共渗后的电极渗层容易在附近溶液的冷却作用下快速降温而产生细小裂纹,这对渗层的力学性能较为不利。图 4 - 8C 中的"熔滴"比图 4 - 8B 中的"熔滴"厚大,而图 4 - 8D 中的"熔滴"比图 4 - 8C 中的"熔滴"更加厚大,这说明随着等离子体电化学氮碳共渗过程处理时间的增加和工作电压的升高,气隙膜击穿过程的激烈程度将发生变化,电极表面有重熔现象。由此说明等离子体电化学氮碳共渗过程的处理时间和工作电压是影响渗层表面形貌及性能的重要因素,即二者也是本课题所研究工艺的重要参数因素。

　　对在 220 V 的工作电压下,经等离子体电化学氮碳共渗 20 分钟后的

Q235 钢和 20CrMnTi 表面进行了 XPS 附带 AES 的表面扫描。测得的电极表面在氩气刻蚀前后的主要元素及其原子浓度如表 4-2 所示,其中有部分元素是来自实验及制样过程中的污染物杂质,此处已被忽略。由于 XPS 是一种灵敏的表面分析技术,其表面采样深度为 2.0 nm,所以它提供的仅仅是电极表面上的元素含量,与体相成分还是会有很大的差别。本工艺等离子体电化学氮碳共渗层厚度在 10 μm 以上,所以氮碳共渗层的实际元素原子种类及含量还需要其他相关仪器检测。

表 4-2　主要元素的原子浓度(at.%)

样品编号		C	O	N	Fe
Q235 钢	原始表面	63.5	27.7	3.2	3.7
	刻蚀 10 s 后	31.6	26.7	4.2	28.6
20CrMnTi	原始表面	63.5	27.7	3.1	3.3
	刻蚀 10 s 后	39.1	30.5	3.9	17.5

由表 4-2 可见,基体为 Q235 钢刻蚀前后所含的主要元素均为碳、氮、氧和铁,碳元素的原子在氩气刻蚀前后的浓度分别为 63.5% 和 31.6%,氧元素的原子在氩气刻蚀前后的浓度分别为 27.7% 和 26.7%,氮元素的原子在氩气刻蚀前后的浓度分别为 3.2% 和 4.2%,铁元素的原子在氩气刻蚀前后的浓度分别为 3.7% 和 28.6%;基体为 20CrMnTi 刻蚀前后所含的主要元素同样均为碳、氮、氧和铁,碳元素的原子在氩气刻蚀前后的浓度分别为 63.5% 和 39.1%,氧元素的原子在氩气刻蚀前后的浓度分别为 27.7% 和 30.5%,氮元素的原子在氩气刻蚀前后的浓度分别为 3.1% 和 3.9%,铁元素的原子在氩气刻蚀前后的浓度分别为 3.3% 和 17.5%。由此可知电极表面的主要元素是来自溶液中尿素经气隙膜击穿放电而电离出的氮、碳活性粒子;而氧原子的存在是由于整个溶液等离子体电化学氮碳共渗系统是在敞开的大气环境中操作的,故气体放电时将空气中的氧分子一起电离,并一同高能加速注入电极表面。经氩气刻蚀清洗后,电极表面的主要元素原子浓度发生了变化,碳元素原子含量急剧下降,氧元素原子含量下降不大,而氮元素原子含量反而增大了,铁元素原子含量急剧增大。经过分析,这是由于在等离子体电化学氮碳共渗过程中分解出的大量碳元素原子及部分氮元素原子和氧元素原子附着于电极表面,尤其是在经气隙膜击穿放电而在电极表面存在的大量放电通道中。经氩气刻蚀清洗后,放电通道中的大量碳元素原子和少部分氧元素原子已被去除,所以经过氩气刻蚀后的碳元素原子含量

明显降低,氧元素原子含量也有微降。而氩气刻蚀后的氮元素原子含量比刻蚀前的氮元素原子含量高,说明氮元素原子很容易进入氮碳共渗层中。但是氮元素原子的浓度并不高,说明氮元素原子的产量并不高,即尿素分解出氮元素原子的能力没有其分解碳元素原子的能力强,同时前期大量碳元素原子的存在也抑制了后续尿素产生氮元素原子的能力。对于铁元素原子浓度的变化,是由于试样的表面边缘有重熔现象,且氩气刻蚀前被覆盖了大量的碳元素原子,所以其在氩气刻蚀后元素原子浓度出现了增大现象。

图 4-9 和图 4-10 分别为基体为 Q235 钢,在工作电压为 220 V 的条件下,经等离子体电化学氮碳共渗 20 分钟后的表面 XPS 检测图谱。图4-11和图 4-12 分别为基体为 20CrMnTi 在工作电压为 220 V 的条件下,经等离子体电化学氮碳共渗 20 分钟后的表面 XPS 检测图谱。

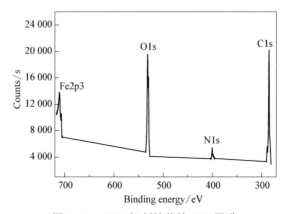

图 4-9 Q235 钢刻蚀前的 XPS 图谱

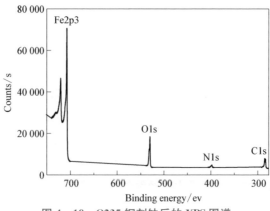

图 4-10 Q235 钢刻蚀后的 XPS 图谱

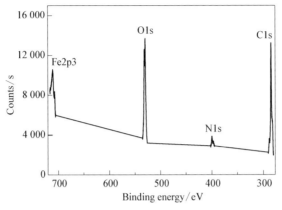

图 4 - 11　20CrMnTi 刻蚀前的 XPS 图谱

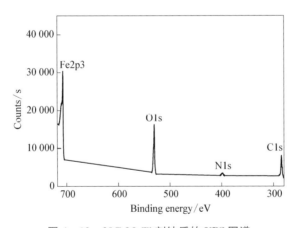

图 4 - 12　20CrMnTi 刻蚀后的 XPS 图谱

　　图 4 - 9 和图 4 - 11 是电极表面未经氩气刻蚀的 XPS 检测扫描图谱,图 4 - 10 和图 4 - 12 是电极表面经氩气刻蚀后的 XPS 检测扫描图谱。本工艺探索过程中测得的 XPS 扫描图谱 4 - 9 至 4 - 12 主要是为了分析表面在氩气刻蚀前后的表面元素化学价态。本工艺实验对电极表面元素原子的化学价态分析主要是通过测定内壳层电子能级谱的化学位移,同时依据各种元素原子的化学位移和各种终态效应以及价电子的能带结构等,从而可以推知原子结合状态和电子分布状态。在对本工艺的 XPS 检测扫描图谱进行元素化学价态分析前,首先必须对检测到的元素原子,即碳、氮、氧、铁等元素原子的结合能进行正确的校准。虽然元素原子的结合能随化学环境的变化而产生的误差

较小,但当荷电校准误差较大时,很容易标错元素的化学价态。此外,有一些化合物的标准数据因不同的作者和仪器状态也会存在很大的差异,在这种情况下这些标准数据仅作为参考。在 XPS 检测扫描过程中,为了防止上述情况发生,尽量使用自己制备的标准样,这样才能获得比较正确的结果。也有一些化合物的元素结合能不存在标准数据,所以要判断其价态,必须用自制的标准样品进行对比。还有一些元素的化学位移很小,用 XPS 的结合能不能有效地进行化学价态分析,在这种情况下,可以从线形及半峰结构进行分析,同样也可以获得化学价态的信息。经过以上综合分析,本次 XPS 扫描图谱元素价态分析是有效而准确的。

在 XPS 的结合能对照表中,Fe2p3,O1s,N1s,C1s 峰对应的结合能分别为 706.75 eV,31.6 eV,397.9 eV,284.6 eV。由图 4-9 可知,未经氩气刻蚀的 Q235 钢表面边缘 XPS 扫描后的 Fe2p3,O1s,N1s,C1s 峰对应的结合能分别为 711.05 eV,531.5 eV,399.8 eV,284.95 eV。根据元素获得额外电子时,化学价态为负,该元素的结合能降低;反之,当该元素失去电子时,化学价态为正,XPS 的结合能则增加,可知未经氩气刻蚀的 Q235 钢试样表面,铁元素为正价,氧元素为负价,氮元素为正价,碳元素为正价。根据表 4-2 元素原子百分比计算可知,此时表面各元素的组成主要为金属氧化物、氮氧化合物和 C—C 烃键。由图 4-10 可知,经过氩气刻蚀后的 Q235 钢表面边缘 XPS 图谱中 Fe2p3,O1s,N1s,C1s 峰对应的结合能分别为 707.11 eV,530.4 eV,397.5 eV 和 283.45 eV。C1s 峰对应两个结合能为 285.2 eV 和 283.45 eV。元素获得额外电子时,化学价态为负,该元素的结合能降低;反之,当该元素失去电子时,化学价态为正,XPS 的结合能则增加,由 XPS 结合能对照表可知,经氩气刻蚀后的 Q235 钢表面,铁元素为正价,氧元素为负价,氮元素为负价,碳元素为负价和正价。根据表 4-2 中的元素原子百分比计算得出,此时 Q235 钢表面边缘的各元素原子组成为金属碳化物、C—C 烃键、金属氮化物和金属氧化物。

图 4-11 和图 4-12 为 20CrMnTi 表面 XPS 检测图谱。由图谱发现,并未检测到铬、锰和钛三种元素的原子,这可能是因为 XPS 的表面采样深度仅为 2.0 nm,当经等离子体电化学氮碳共渗的表面重熔厚度超过2.0 nm后,铬、锰和钛三种元素的原子浓度较低,超出了 XPS 所能检测到的原子浓度最低值。

在 XPS 的结合能对照表中,Fe2p3,O1s,N1s,C1s 峰对应的结合能分别为

128

706.75 eV,531.6 eV,397.9 eV,284.6 eV。由图 4-11 可知,未经氩气刻蚀的 20CrMnTi 表面边缘 XPS 扫描后的 Fe2p3,O1s,N1s,C1s 峰对应的结合能分别为 710.46 eV,530.42 eV,400.02 eV,285 eV。元素获得额外电子时,化学价态为负,该元素的结合能降低;反之,当该元素失去电子时,化学价态为正,XPS 的结合能则增加,可知未经氩气刻蚀的 20CrMnTi 表面,铁元素为正价,氧元素为负价,氮元素为正价,碳元素为正价。根据表 4-2 元素原子百分比计算可知,此时电极表面各元素的组成主要为金属氧化物、氮氧化合物和 C—C 烃键。由图 4-12 可知,经过氩气刻蚀后的 20CrMnTi 表面边缘 XPS 图谱中 Fe2p3,O1s,N1s,C1s 峰对应的结合能分别为 707.21 eV,530.44 eV,398.55 eV 和 285.05 eV。C1s 峰对应两个结合能为 285.05 eV 和 283.95 eV。元素获得额外电子时,化学价态为负,该元素的结合能降低;反之,当该元素失去电子时,化学价态为正,XPS 的结合能则增加,由 XPS 结合能对照表可知,经氩气刻蚀后的 20CrMnTi 表面,铁元素为正价,氧元素为负价,氮元素为正价,碳元素为负价和正价。根据表 4-2 中的元素原子百分比计算得出,此时 20CrMnTi 表面边缘的各元素原子组成为金属碳化物、C—C 烃键、氮氧化合物和金属氧化物。

经以上分析可以发现,当试样基体为 Q235 钢时,经等离子体电化学氮碳共渗后,表面 2.0 nm 范围内存在的化合物主要为金属碳化物、C—C 烃键、金属氮化物和金属氧化物;当基体为 20CrMnTi 时,经等离子体电化学氮碳共渗后,表面 2.0 nm 范围内存在的化合物主要为金属碳化物、C—C 烃键、氮氧化合物和金属氧化物。

图 4-13 为等离子体电化学氮碳共渗过程的等离子体运动模型,即等离子体的产生和表面吸附过程。根据等离子体电化学氮碳共渗过程中电流密度随着电压变化的曲线图(图 4-6),即微弧放电的过程,可以将等离子体的产生和表面吸附运动过程分为四个阶段,分别为气泡形成阶段、气泡长大阶段、弧光形成阶段和弧光连续阶段。

第一阶段形成蓝色球形气泡,如图 4-13A 所示,当两电极间的电压还未达到 50 V 时,阴极尖端开始出现断断续续的微量圆形深蓝色气泡,这是少量溶液沸腾的气体及空气中的气体开始发生微电离的结果,气泡的颜色是由溶液中的元素种类及产生的气体种类决定的。此时尚未达到放电条件,溶液还未发生电解,溶液中大量存在着 $CO(NH_2)_2$,H_2O,HCO_3^-,NH_4^+ 等粒子。第

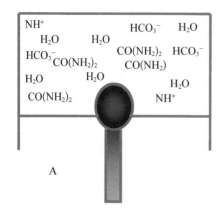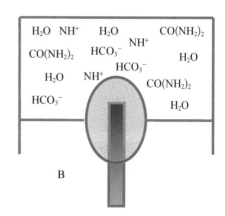
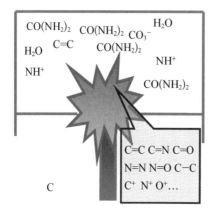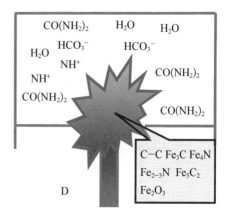

图 4-13　等离子电化学氮碳共渗等离子体运动模型

二阶段气泡长大并且变得连续,如图 4-13B 所示,随着电压的增大,气泡逐渐由圆形变成椭圆形,颜色由深蓝色变为淡蓝色,气泡破裂声略有增大。此时仍没有气隙膜放电现象,溶液中的成分依然没有发生分解电离。第三阶段是弧光形成阶段,如图 4-13C 所示,随着电压的继续增大,开始产生不连续的橙色弧光,这是溶液中产生大量混合型气体并被击穿放电的结果,弧光变强,爆破声音比第二阶段响亮。经过紫外光谱仪的检测分析,此时溶液中有机化合物尿素已经发生分解,电解后的溶液中主要包括由碳、氮、氧组合的共轭双键和部分其他组成形式的活性粒子。第四阶段为连续弧光爆破阶段,此时已达到连续微弧放电阶段,如图 4-13D 所示。此时弧光颜色加深,几乎为红色,连续而激烈,伴有砰砰的爆鸣声,经过紫外光谱仪和 XPS 附带 AES 的检测分析,发现溶液经电解后的组成与第三阶段相同,而电极表面边缘2.0 nm范围内的组成物依据试样基体材料的不同而略有差别,基体为 Q235 钢时,主要为金属碳化物、C—C 烃键、金属氮化物和金属氧化物,基体为 20CrMnTi 时,主要为金属碳化物、C—C 烃键、氮氧化合物和金属氧化物。经 SEM 放大观察发现,电极表面有重熔现象,呈"桔皮状"形貌,这是连续微弧放电作用的典型特征。

在实际等离子体电化学氮碳共渗操作过程中,以上四个阶段分布并不十分明显,第一、第二和第三阶段常常会跳过其中任意一个阶段,甚至跳过其中任意两个阶段直接进入第四阶段,这主要是由电压的大小及试样中的电流密度决定的。因此,可以说等离子体电化学氮碳共渗过程是可操控的过程。

4.3.3　钛及钛合金阳极等离子体电化学扩散层组织和性能

Belkin 研究了纯钛及其合金在氯化铵和氨水中阳极等离子体电化学渗氮处理的特点。改性层的结构包含一个外部的 TiO_2(金红石)或 TiO 层和 TiN 的扩散次层。渗氮层最大厚度为 95 μm,最高的硬度为 220 HV。在润滑条件下对渗氮纯钛进行销盘式摩擦磨损,表面摩擦系数从 0.7 降低到了 0.15,磨损失重量从未处理时的 37 mg 降低到了 0.52 mg。渗氮纯钛在含有蛋白质-维生素浓缩物添加剂的盐酸(6 wt.%)溶液中和在含有硫酸(4.5 wt.%)与盐酸(0.2 wt.%)的溶液中的腐蚀速率减小。渗氮钛表面在腐蚀试验后的强度性能提高,延展性略有降低。Kusmanov 对 $\alpha - \beta$ 双相钛合金在含氨水的处理液中进行了阳极等离子体电化学渗氮处理。随着处理温度的升高,钛氧化物含量增加,表面硬度增加到 520 HV,表面粗糙度降低为原来的 1/5。在常温下,渗氮表面的摩擦系数可以降低约为原来的 1/5,磨损率可以降低 4 个数量级。在高温下,摩擦系数可以由基体表面的 0.89 下降到 0.31～0.32。M.R. Komissarova 在含有 10%氯化铵和 10%蔗糖的处理液中,对 VT20 钛合金进行阳极等离子体电化学渗碳处理。不同的处理温度下,渗碳表面表层只含有单相金红石 TiO_2。他也发现提高处理温度会增加氧化层的厚度。渗氮表面硬度值达到了 280 HV。渗碳表面的摩擦系数随着处理温度的变化略有差异,但均低于基体表面。渗碳后表面的磨损率降低。Belkin P. N.探讨了丙酮、甘油、蔗糖、乙二醇和氯化铵这些组分对纯钛阳极等离子体电化学渗碳过程后的结构和性能的影响。纯钛在不同的处理液中阳极渗碳后,均在表面形成了碳在钛中的固溶体以及最外层的氧化物层。在丙酮、甘油水溶液中的渗碳表面硬度达到了最大。在甘油和乙二醇水溶液中阳极渗碳后的表面粗糙度最小。在丙酮水溶液中阳极渗碳后表面的摩擦系数减小得最多,在含有蔗糖的溶液中处理,表面的磨损率降低了三个数量级。纯钛在所有处理液中阳极渗碳后,在硫酸钠溶液中的腐蚀电流密度均降低。M. Aliofkhazraei 研究了钛合金在阳极等离子体电化学碳氮共渗时电压对表面的纳米晶体正态分布的影响。在脉冲电流近 200 V 的阳极电压峰值下,将获得纳米晶体的正态分布。增加阳极的电压峰值会使处理表面纳米晶体的平均尺寸增加。表面纳米晶体化将影响渗层的生长和粗糙度,而其对渗层生长的影响更大。纳米晶基体表面比微晶基体表面在较低的阳极电压下能更快形成渗层。Belkin P. N. 报道了 VT22 和 VT6 双相钛合金在以氯化铵为基体,氨水、丙酮、甘油、乙二胺、尿素或蔗糖为添加剂的阳极等离子体电化学渗碳、渗氮后的摩擦磨损性能。研究表明:经过处理的钛合金表面均形成了氧化层以及扩散元素在钛中的固溶体,表面硬度提高。经过渗碳、渗氮处理的 VT22 钛合金和 VT6 钛合金表面的耐磨性均有所提高,且去除氧化层后,可以显著降低体积磨损率。Belkin P. N. 还以纯钛为基体,在含有氯化铵(5%～10%)和氨水(5%～10%)的处理液中进行阳极等离子体电化学氮氧共渗,处理最大渗层厚度为 95 μm,最大硬度达到 220 HV。氮氧共渗表面粗糙度由 1.67 μm 降低到了 0.082 μm。在润滑条件下,处理表面的失重量从 57 mg 减少到 0.52 mg,摩擦系数从基体的 0.7 降低到了 0.15。在 4.5%硫酸和 0.2%盐酸的水溶液中,氮氧共渗表面的腐蚀速率降低了两个数量级。在添加蛋白质和维生素的 6%盐酸溶液中的腐蚀速率降低为原来的 1/9。

4.4　硼化物外扩散与活性物质表面吸附

外扩散是指处理液中的组分向等离子体反应区扩散移动,实验中主要的外扩散物质是硼砂。外扩散的正常进行,为进一步发生硼砂的分解提供了保证。智二攀认为,外扩散的驱动力主要来自浓度梯度。因此,应在合理范围内尽量提高硼砂浓度。另外,渗硼时处理液的扰动也会促进外扩散的进行。

表面吸附主要是指活性物质向基体表面的移动。阳极等离子体电化学渗硼过程中,主要发生的是活性 O、B 和 Ce 原子的表面吸附。智二攀认为,为了降低基体表面自由能,这种吸附过程一般是自发的。另外,活性原子的表面吸附可能还依赖电场力和等离子体气泡内爆时的轰击力。一方面,活性原子在等离子体区发生电离后,在高压电场作用下的能量、速度很大,因此很容易冲入基体表面完成吸附过程;另一方面,基体表面的高温等离子体气泡在低温处理液中冷却内爆,产生巨大动能,使富集在气泡周围和内部的活性原子直接轰击到基体表面,从而发生吸附。气泡内爆示意图如图 4-14 所示。Tyurin 认为,气泡内爆产生的动能,还能促进渗入物质传输,使得硼化物硼砂不断地补给反应。这种高效的流体运输机制以及离子运输机制共同提高了阳极等离子体电化学渗硼效率。

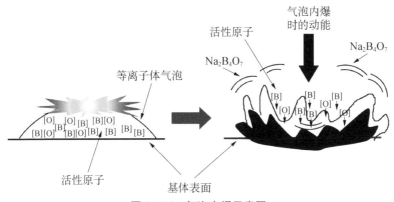

图 4-14　气泡内爆示意图

稀土铈原子具有特殊电子层结构 $4f$ 壳层结构,具有较大的有效电荷,因此稀土铈原子对其他周围原子的电荷有较强吸引力。从而,处理液中的稀土铈原子很容易吸附到基体表面,进一步吸附活性 B 原子。因此,在阳极等离子体电化学渗硼处理液中加入稀土铈原子,可以促进活性 B 原子的表面吸附。

阳极等离子体电化学合金化处理时,基体表面的等离子体反应区存在很高的电场强度和数千度的高温。李新梅认为,等离子体反应区在不足 $1~\mu s$ 内可以达到高温高压,足以使各种分子和原子激发、电离,并发生分解和物理化学反应。结合众多学者对阳极等离子体电化学合金化处理工艺的研究结论,下面探讨了钛合金阳极等离子体电化学渗硼机理以及铈化合物催化的机理。将阳极等离子体电化学渗硼处理大致分为四个过程,如图 4-15 所示,分别为处理液中硼化物的分解反应、硼化物外扩散与活性物质表面吸附、等离子体反应区与钛合金基体界面反应以及渗入元素的内扩散。稀土铈催化剂在阳极等离子体电化学渗硼过程中的催化渗硼作用,相应体现在这四个过程中。

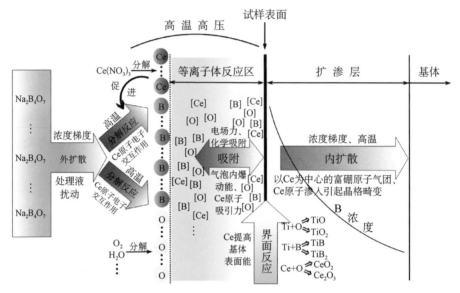

图 4-15 阳极等离子体电化学渗硼过程

在脉冲电压下,微弧放电生成巨大的热效应,使等离子体反应区及周围的物质加速分解。阳极等离子体电化学渗硼过程中,硼砂($Na_2B_4O_7$)在一定温度条件下发生复杂的分解反应,为阳极等离子体电化学渗硼不断提供 B 原子。李奇辉研究镁合金阳极等离子体电化学渗硼时认为,硼砂会发生以下分解反应:

$$Na_2B_4O_7 \longrightarrow 2Na^+ + B_4O_7^{2-} \qquad (4-1)$$

$$2B_4O_7^{2-} \longrightarrow 4B_2O_3 + O_2 + 4e^- \qquad (4-2)$$

$$Na^+ + e^- \longrightarrow Na \qquad (4-3)$$

$$3Na + 2B_2O_3 \longrightarrow 3NaBO_2 + [B] \qquad (4-4)$$

基体附近的处理液被加热汽化,形成等离子体放电区。B 原子以及其他热分解产物原子如 O 原子等在等离子体放电区域中,在高压电场作用下,被电离成离子或电子,并以极高的能量和速度相互碰撞,最终成为活性原子。其中活性 B 原子,成了钛合金阳极等离子体电化学渗硼的 B 原子来源。阳极等离子体电化学渗硼过程中,硼砂的分解示意图如图 4-16 所示。

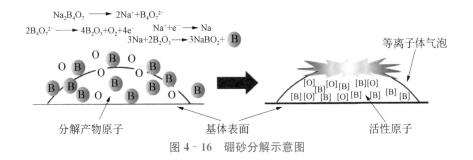

图 4 - 16 硼砂分解示意图

国春艳、王庆良、盛银莹等人认为,微弧放电区域温度一般可达 2 000 ℃以上,考虑到微弧放电区域周围处理液冷却引起的热量损耗,放电微区的温度会降低到 1 000 ℃左右。Han 认为,硼砂在 700 ℃以上才能发生分解,产生 B 原子。显然,放电微区高于硼砂分解反应所需温度,因此实验满足硼砂分解条件。

在处理过程中加入稀土铈催化剂,可以加快分解反应的速率。因为稀土铈元素电负性较低,与其他分子或原子间有较强的电子交互作用,会削弱周围分子的键合力,从而有利于 B 从本身的化合物中的化学键上挣脱出来,加速活性 B 原子的生成。

4.5 等离子体反应区与钛合金基体的界面反应

在基体表面形成等离子体是阳极等离子体电化学合金化进行的首要条件。李新梅等认为,基体表面气泡的生成是形成等离子体的必要条件,因为只有气泡中的气体能在高压条件下发生微弧放电。因此,在阳极等离子体电化学渗硼过程中,能在基体表面生成气泡至关重要。实验结果显示,钛合金在阳极等离子体电化学渗硼时,会在表面形成一层氧化层,这可能阻碍基体表面等离子体气泡的形成,导致渗硼过程无法正常进行。但氧化层中往往有许多从表面连通到基体的放电微孔,这些连通的微孔孔底即基体表面,可以进一步生成等离子体气泡,从而使渗硼反应顺利进行。还有许多放电微孔孔底与基体间存在的氧化层较薄,由于放电微孔内的温度较高,薄弱的氧化层常会发生熔穿,促使放电微孔进一步变成连通基体表面的放电微孔。基体表面薄弱氧化层的熔穿示意图,如图 4 - 17 所示。李伟在研究微弧氧化膜上制备等离子体渗氮层时也提出了类似的观点。

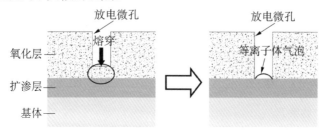

图 4 - 17　基体表面薄弱氧化层的熔穿示意图

在钛合金阳极等离子体电化学渗硼处理时,钛合金基体表面的大量活性原子,主要如 B、O、Ce,会与钛合金表面发生复杂的物理化学反应,生成各种硼钛化物、钛氧化物、稀土铈氧化物等新相。基于渗硼表面的 XRD 分析和 EDS 分析结果,并结合众多研究学者的研究结论,下面列出了可能在钛合金表面发生的主要化学反应,见表 4 - 3。判断反应是否可以发生,常用反应的吉布斯自由能 ΔG 判断,当 ΔG 小于零,那么反应即可自发进行。各反应的 ΔG 计算结果见表 4 - 3。进行 ΔG 计算时,设定反应区温度为 1 000 ℃(约为 1 200 K)。

表 4 - 3　实验中主要反应的吉布斯自由能

反应方程式	ΔG 计算公式(温度 T/K)	$\Delta G/(kJ \cdot mol^{-1})$
$Ti(s) + B(s) = TiB(s)$	$-163.176 + 0.005\ 85T$	-156.156
$Ti(s) + 2B(s) = TiB_2(s)$	$-284.512 + 0.020\ 50T$	-259.912
$TiB(s) + B(s) = TiB_2(s)$	$-164.320 + 0.013\ 42T$	-148.126
$TiB_2(s) + Ti(s) = 2TiB(s)$	$27.910 - 0.078\ 30T$	-66.000
$Ti(s) + 0.5O_2(g) = TiO(s)$	$-514.600 + 0.074\ 10T$	-425.680
$Ti(s) + O_2(g) = TiO_2(s)$	$-941.000 + 0.177\ 57T$	-727.916
$2Ce(s) + 1.5O_2(g) = Ce_2O_3(s)$	$-1\ 820.000 + 0.276\ 47T$	$-1\ 488.236$
$Ce(s) + O_2(g) = CeO_2(s)$	$-1\ 089.39 + 0.202\ 71T$	-846.138

表中的化学反应的标准 ΔG 均小于 0,因此从热力学分析来看,表中的反应均可自发进行。

另外,钛的氧化物除了由活性 O 原子渗入钛合金表面化合形成,还有可能通过电离反应生成。有研究提出,钛合金在阳极等离子体电化学处理时,Ti 原子会被电离成半径为 0.060 4 nm 的 Ti^{4+},O 原子会得到半径为 0.14 nm 的 O^{2-},当外加电场强度不低于满足 Ti^{4+} 和 O^{2-} 标准电位差 1.26 V 的场强值时,

即可发生如下化学反应,驱动钛的氧化膜的生长:

$$Ti \longrightarrow Ti^{4+} + 4e^- \qquad (4-5)$$

$$Ti^{4+} + 2O^{2-} \longrightarrow TiO_2 \qquad (4-6)$$

Rudnev 提出的带电 O 原子扩散氧化理论中表示,O 原子会在电场作用下,进入金属氧化膜击穿熔融后的微孔中,进一步扩散渗入金属基体内部发生氧化,生成晶态氧化物。从热力学角度分析,Ti 与 O 的形成能低于 Ti 与 B 的形成能,所以当 Ti、O、B 三种元素同时存在时,更倾向于生成钛氧化物相。然而,钛合金在阳极等离子体电化学渗硼反应时有活性 O 原子的情况下,表面也生成了较多的硼钛化物相,并且主要为 B 原子在钛合金基体中发生扩散,而 O 原子主要在钛合金表层与 Ti 发生氧化反应,仅有少量 O 原子向内发生了扩散。无法用热力学分析解释这一现象。经查阅文献,没有发现对该现象的解释。笔者认为,出现该现象的原因可能是,硼钛化合物会抑制钛的进一步氧化。钛合金阳极等离子体电化学渗硼处理时,由于等离子体反应区的 B 含量较高,因此表面生成钛氧化物的同时还会生成一定量的硼钛化物。Dokumaci 认为,硼钛化物会阻碍 O 元素进一步与内部 Ti 发生反应。随着 B 原子不断渗入钛合金表面形成更多的硼钛化物相,O 原子想要进一步进入钛合金基体内部变得越来越困难,则被阻碍进入的 O 原子只能在电极表面外部生成钛氧化物。这与 XRD 研究结果一致,即电极表面最外层为钛氧化物,向内钛氧化物逐渐消失,硼钛化物逐渐增多。由此也可以猜测,阳极等离子体电化学渗硼钛合金表面的氧化层向外生长,含硼化合物层向基体内生长。这与 Yerokhin 的研究结论一致,他认为阳极等离子体电化学合金化处理形成的氧化层通常出现在含碳、氮、硼化物层(即扩散层)外部。

稀土铈元素对阳极等离子体电化学渗硼中的界面反应有一定促进作用。孙湛认为,稀土原子通过渗入基体表面从而增大基体表面畸变程度,进而提高基体表面的表面能,使基体表面增强了对渗入原子的捕捉能力,可以大大促进渗入原子与基体表面的进一步反应。

将渗入元素在基体内部的扩散称为内扩散。随着阳极等离子体电化学渗硼处理过程的进行,基体表面活性渗入原子浓度升高,使得从基体表面到内部出现了渗入元素的浓度差,这可以促使渗入元素向基体内扩散。当渗入元素浓度超过基体的固溶极限时,会发生反应扩散,生成新相。由前面的 XRD 分析可知,钛合金阳极等离子体电化学渗硼后 B 原子在钛合金表面形成了硼钛化合物。从 EDS 截面线扫结果来看,渗入 B 原子的浓度随距表面距离加大而逐渐降低。

相对于分解反应、外扩散和表面吸附过程,内扩散过程速度显得十分缓慢。显然,内扩散是制约阳极等离子体电化学渗硼处理的主要过程。内扩散速度缓慢,很大程度上减小了合金化速度和扩散层厚度,甚至影响渗硼表面的性能和质量。原子的内扩散速度由扩散系数来决定,扩散系数越高,扩散速度越大。根据扩散系数的表达式 $K = K_0 \exp(-Q/RT)$ 可知,当扩散激活能一定时,扩散系数随温度升高呈指数关系提高。因此,在合理范围内,应尽可能提高处理温度。阳极等离子体电化学处理时的温度与电压直接相关,因此应适当提高处理电压。然而,Aich 和 Tikekar 认为,B 原子在钛合金中的扩散不完全符合常规扩散控制下的传输动力学,即硼化物层的厚度并不随温度升高而持续增加,而是在 $\alpha \rightarrow \beta$ 相变温度时达到最大。因此,为了得到最高渗硼效率,应适当调整处理电压,控制渗硼处理温度在 884 ℃左右。

在阳极等离子体电化学渗硼过程中加入稀土铈催化剂,可以促进硼在钛基体中的内扩散速度。原因有以下几点:第一,稀土铈元素提高了基体表面的活性和吸附能力,使基体表面的活性硼原子浓度升高,加大了表面与内部的硼原子浓度梯度。第二,雷丽等人在稀土铈催化钛合金固体渗硼研究中得出,稀土铈元素除了吸附在金属表面起活化作用,与 O 结合生成稀土氧化物外,还会以活性稀土原子渗入钛合金基体内部。根据气团通道机理,由于渗入基体内部的稀土铈原子表面活性高,很容易吸引周围的原子形成原子气团,因此源源不断渗入的硼原子会在稀土铈原子周围生成富硼原子气团,当富硼原子气团饱和时,高浓度外层气团中的硼原子会挣脱稀土铈原子,一部分直接与周围的钛基发生反应,另一部分会沿稀土铈原子在基体晶格内开辟的扩散通道继续向钛基内扩散,从而加速硼原子的扩散。第三,半径较大的 Ce 原子渗入容易引起晶格畸变,促使硼原子内扩散能垒减小,从而进一步增大了渗硼速度。第四,加入稀土铈元素后的阳极等离子体电化学渗硼反应更加剧烈,处理液温度有所升高,从而可以增大渗硼过程的扩散系数。

综上所述,高硬度、高耐磨、耐腐蚀、耐热的氮、碳、硼化层或氧化层可以在金属表面生成,因此阳极等离子体电化学处理可以显著改善金属表面的性能,尤其是耐磨性能。所以,经过阳极等离子体电化学处理后的金属能很好地适应在机械、航空航天、海洋、电子和化工等领域的工作条件。此外，这项技术也可以用来替代传统的感应淬火，因为在反应过程中可以快速加热表面，使表面和内部形成较高温差。另外，该技术还有可能用来作为其他涂层处理的预处理，以获得复合结构的涂层，可以同时使阳极等离子体电化学合金化技术和其他技术的优点最大化。阳极等离子体电化学合金化处理还可以得到纳米涂层，该发现显示出了阳极等离子体电化学合金化处理技术在不同领域的巨大应用潜力。而且，该技术所需设备简单，污染小，操作工艺方便，处理效率高，又能灵活变换处理范围和部位，具有广阔的工业应用前景。

参考文献

［1］Gupta P，Tenhundfeld G，Daigle E O，et al. Electrolytic Plasma Technology：Science and Engineering—An Overview［J］. Surface & Coatings Technology，2007，201(21)：8746 – 8760.

［2］Kellogg H H. Anode Effect in Aqueous Electrolysis［J］. Journal of the Electrochemical Society，1950，97(4)：133 – 142.

［3］韩伟，何业东.等离子体电解及其在表面技术中的应用［J］.吉林化工学院学报，2005，22(3)：10 – 13.

［4］樊新民，杨奔峰，黄洁雯.等离子电解渗入工艺和渗层组织［J］.热处理，2014(4)：8 – 12.

［5］Belkin P N，Kusmanov S A，Zhirov A V，et al. Anode Plasma Electrolytic Saturation of Titanium Alloys with Nitrogen and Oxygen［J］. Journal of Materials Science & Technology，2016，32(10)：1027 – 1032.

［6］Yerokhin A L，Nie X，Leyland A，et al. Plasma Electrolysis for Surface Engineering ［J］. Surface & Coatings Technology，1999，122(2/3)：73 – 93.

［7］Belkin P N. Anode Electrochemical Thermal Modification of Metals and Alloys［J］. Surface Engineering & Applied Electrochemistry，2010，46(6)：558 – 569.

［8］李杰，沈德久，王玉林，等.液相等离子体电解渗透技术［J］.金属热处理，2005，30(9)：63 – 67.

［9］魏同波，田军.液相等离子体电沉积表面处理技术［J］.材料科学与工程学报，2003，21(3)：450 – 455.

［10］Van T B，Brown S D，Wirtz G P. Mechanism of Anodic Spark Deposition［J］. American. Ceramic Society Bulletin，1977，56(6)：563 – 566.

[11] Krysmann W, Kurze P, Dittrich K H, et al. Process Characteristics and Parameters of Anodic Oxidation by Spark Discharge (ANOF)[J]. Crystal Research & Technology, 2010, 19(7): 973 - 979.

[12] Belkin P N, Belikhov A B. Stationary Temperature of an Anode Heated in Aqueous Electrolytes[J]. Journal of Engineering Physics & Thermophysics, 2002, 75(6): 1271 - 1277.

[13] Shadrin S Y, Zhirov A V, Belkin P N. Thermal Features of Plasma Electrolytic Heating of Titanium[J]. International Journal of Heat & Mass Transfer, 2017, 107: 1104 - 1109.

[14] Belkin P N, Kusmanov S A, Dyakov I G, et al. Anode Plasma Electrolytic Carburizing of Commercial Pure Titanium[J]. Surface & Coatings Technology, 2016, 307: 1303 - 1309.

[15] Kusmanov S A, Tambovskiy I V, Sevostyanova V S, et al. Anode Plasma Electrolytic Boriding of Medium Carbon Steel[J]. Surface & Coatings Technology, 2016, 291: 334 - 341.

[16] Kusmanov S A, Kusmanova Y V, Naumov A R, et al. Features of Anode Plasma Electrolytic Nitrocarburising of Low Carbon Steel [J]. Surface & Coatings Technology, 2015, 272: 149 - 157.

[17] Kusmanov S A, Kusmanova Y V, Naumov A R, et al. Formation of Diffusion Layers by Anode Plasma Electrolytic Nitrocarburizing of Low-Carbon Steel[J]. Journal of Materials Engineering & Performance, 2015, 24(8): 3187 - 3193.

[18] Belkin P N, Kusmanov S A, Belkin V S, et al. Increase in Corrosion Resistance of Commercial Pure Titanium by Anode Plasma Electrolytic Nitriding[J]. Materials Science Forum, 2016, 844: 125 - 132.

[19] Kusmanov S A, Smirnov A A, Silkin S A, et al. Increasing Wear and Corrosion Resistance of Low-Alloy Steel by Anode Plasma Electrolytic Nitriding[J]. Surface & Coatings Technology, 2016, 307: 1350 - 1356.

[20] Kusmanov S A, Kusmanova Y V, Smirnov A A, et al. Modification of Steel Surface by Plasma Electrolytic Saturation with Nitrogen and Carbon[J]. Materials Chemistry & Physics, 2016, 175: 164 - 171.

[21] Shkurpelo A I, Belkin P N, Pasinkovskij E A. Phase Composition and Surface Layers Structure of Armco-iron and Austenitic Stainless Steel 12Kh18N10T after Nitrocementation at Anodic Electrolytic Heating [J]. Fizika i Khimiya Obrabotki Materialov, 1993: 116 - 125.

[22] A T K. Modern Aspects of Electrochemistry: Vol. 4 Edited by J. O'M. Bockris, Butterworths, London, 1967, pp. 324, price £5[J]. Journal of Molecular Structure,

1971，8(4)：493－494.

[23] Mazza B, Pedeferri P, Re G. Hydrodynamic Instabilities in Electrolytic Gas Evolution [J]. Electrochimica Acta，1978，23(2)：87－93.

[24] Tyurin Y N, Pogrebnjak A D. Electric Heating Using a Liquid Electrode[J]. Surface & Coatings Technology，2001，142(7)：293－299.

[25] Sheng Yinying, Zhang Zhiguo, Li Wei. Effects of Pulse Frequency and Duty Cycle on the Plasma Discharge Characteristics and Surface Microstructure of Carbon Steel by Plasma Electrolytic Nitrocarburizing[J]. Surface & Coatings Technology，2017，330：113－120.

[26] 张荣,马颖,郝远.等离子体电解沉积表面技术及其发展[J].材料导报,2008,22(S3)：156－159.

[27] Ganchar V I, Zgardan I M, Dikusar A I. Anodic Dissolution of Iron in the Process of Electrolytic Heating[J]. Elektron. Obrab. Mater.，1994，4：56－61.

[28] Belkin P N, Yerokhin A, Kusmanov S A. Plasma Electrolytic Saturation of Steels with Nitrogen and Carbon[J]. Surface & Coatings Technology，2016，307：1194－1218.

[29] Zhirov A V, Dyakov I G, Belkin P N, Dissolution and Oxidation of Carbon Steels under Anode Heating in Aqueous Solutions[J]. Izv. Vyssh. Uchebn. Zaved. Khim. Khimich. Tekhnol.，2010，3：89－93.

[30] 李俊雄.铸铁表面液相微弧放电等离子体碳氮共渗研究[J].山东工业技术,2016(7)：31－32.

[31] Kusmanov S A, Dyakov I G, Kusmanova Y V, et al. Surface Modification of Low-Carbon Steels by Plasma Electrolytic Nitrocarburising [J]. Plasma Chemistry & Plasma Processing，2016，36(5)：1－16.

[32] Kusmanov S A, Shadrin S Y, Belkin P N. Carbon Transfer from Aqueous Electrolytes to Steel by Anode Plasma Electrolytic Carburising [J]. Surface & Coatings Technology，2014，258：727 733.

[33] Kusmanov S A, Belkin P N, D'Yakov I G, et al. Influence of Oxide Layer on Carbon Diffusion During Anode Plasma Electrolytic Carburizing[J]. Protection of Metals & Physical Chemistry of Surfaces，2014，50(2)：223－229.

[34] Kusmanov S A, Smirnov A A, Kusmanova Y V, et al. Anode Plasma Electrolytic Nitrohardening of Medium Carbon Steel[J]. Surface & Coatings Technology，2015，269(1)：308－313.

[35] Kusmanov S A, Smirnov A A, Silkin S A, et al. Plasma Electrolytic Nitriding of

Alpha- and Beta-Titanium Alloy in Ammonia-Based Electrolyte [J]. Surface & Coatings Technology, 2016, 307: 1291 – 1296.

[36] Komissarova M R, Dyakov I G, Gladii Y P. Effect of Regimes of Anode Plasma Electrolytic Carburizing on Tribological Properties of Titanium Alloy VT 20 [J]. Materials Science Forum, 2016, 844: 133 – 140.

[37] Aliofkhazraei M, Rouhaghdam A S. Study of Anodic Voltage on Properties of Complex Nanocrystalline Carbonitrided Titanium Fabricated by Duplex Treatments [J]. Materials Research Innovations, 2013, 14(2): 177 – 182.

[38] Belkin P N, Kusmanov S A, Dyakov I G, et al. Increasing Wear Resistance of Titanium Alloys by Anode Plasma Electrolytic Saturation with Interstitial Elements [J]. Journal of Materials Engineering & Performance, 2017(5/6): 1 – 7.

第五章　微弧氧化的应用现状

阀金属阳极表面产生微弧,可实现其表面生成物的自组织生长与演变,达到表面改性之目的,形成了为众多研究学者所关注的微弧氧化技术,其原理是将阀金属样品置于脉冲电场环境的电解液中,样品表面因受端电压作用而发生微弧放电,所产生的高温高压条件使微区原子与溶液中的活化氧离子结合生成有陶瓷结构特征的氧化层。可见,微弧氧化陶瓷层的生长增厚仅依赖于基体原子向其氧化物的转化,无须消耗电解液中的溶质元素,也不存在排放、污染的问题,而陶瓷层生长增厚原理也决定了膜层的均匀生长特性,使得复杂内表面处理易于进行。微弧氧化技术在民用、海洋、航空航天等领域已展现出广阔的发展潜力,但仍存在诸多问题制约着这一工艺简单环保、可赋予基体材料优异性能的表面改性技术的产业化应用推广。因此,微弧氧化技术能够与其他表面改性技术竞争并为产业界所接受,就面临必须解决几个关键问题,即明确降耗技术原理与开发低能耗微弧氧化电源以及如何实现大型、复杂工件的高质量膜层制备。

5.1　降耗的原理与节能微弧氧化电源的开发

5.1.1　微弧氧化放电现象及放电过程中能量消耗分析

以 AZ31B 镁合金为例,将样品放在黑暗环境下进行微弧氧化实验,采用高速相机记录不同时刻微弧氧化放电状态,见图 5-1。从图 5-1 对比可以看到,在通电处理过程中,镁合金表面微弧氧化放电火花呈现明显的阶段性变化。通电初期仅在试样表面边缘出现零星白色放电火花(图 5-1B),同时有少量气体析出;随着通电时间增加放电火花数量增多且分布均匀(图 5-1C),均匀覆盖整个试样表面,气体析出量也随之增多;紧接着试样表面放电火花亮度增大,同时数量增加(图 5-1D),定义此状态为微弧氧化现象。镁合金试样表面微弧氧化开始后继续通电,等离子体放电现象变得愈剧烈(图 5-1E~H),具体表现为放电火花亮度增加及密度变大,同时气体析出量也迅速增加。

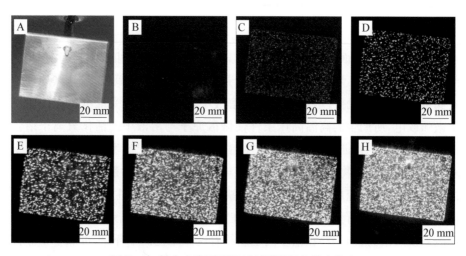

图 5-1　镁合金表面不同时刻微弧氧化放电状态

(A) original；(B) 30 s；(C) 60 s；(D) 90 s；(E) 150 s；(F) 210 s；(G) 300 s；(H) 390 s。

依据气体放电理论,金属表面发生微区等离子体放电有两个必要条件:阳极表面有气体产生,同时气体承受强电场并发生电离。根据文献分析可知,微弧氧化通电前期为阳极氧化阶段,以阳极氧化及水电解等电化学过程为主,阳极可能发生如下反应:

$$4OH^- - 4e \longrightarrow 2H_2O + O_2 \uparrow \tag{5-1}$$

$$Mg - 2e \longrightarrow Mg^{2+} \tag{5-2}$$

$$2Mg^{2+} + 2OH^- - 2e \longrightarrow 2MgO + H_2 \uparrow \tag{5-3}$$

从式(5-1)和(5-3)所描述的电化学反应过程可知,微弧氧化通电初期作为阳极的镁合金表面将由于水的电解而析出氧气,同时发生氧化反应也会析出少量氢气。因此,阳极表面可能存在以氧气为主氢气为辅的气体,满足等离子体放电的第一个条件。镁合金与碱性电解液接触,表面极易发生氧化反应而生成一层钝化膜,但由于钝化膜很薄同时结构疏松,因此阳极表面还会存在大量的导电通道。此时镁合金试样表面电阻相对较低,有限容量的脉冲电源难以达到导电通道内气体发生电离所需的电场强度,故不能微弧氧化。随着通电时间的增加,镁合金表面膜层达到一定厚度,同时大部分处于绝缘状态,电子仅借助少量存在的导电通道通过,同时阳极表面产生的气体也只能依靠导电通道释放。当气泡逐渐合并长大并填充所依附的导电通道时将承受外加电压,一旦满足气体的临界电离度对应的电场强度要求,镁合金试样表面才能微弧氧化。因此,阳极表面导电通道内生成的气体承受高于微弧氧化放电所需的电场强度,是微弧氧化的充分必要条件。当阳极表面高阻绝缘膜上某一薄弱处与电解液界面的气泡在强电场下被击穿,电子碰撞的能量能够满足部分气体电离,同时形成新的放电通道,随之等离子体产生。阳极表面高阻绝缘膜的存在,又限制了放电电流的自由增长,从而阻止了表面火花和较大弧光的形成,同时高阻绝缘膜的介电性能还保证了微放电能够随机发生在很多位置,当微放电通道两端的电压稍小于气体击穿电压时,电流就会停止导通。在同一位置上只有当电压重新升高满足原来的击穿电压数值时才会发生再击穿并产生微火花放电,因此在宏观下的时间和空间微火花放电呈无规则分布。

气体击穿放电产生的等离子体在陶瓷层生长过程中主要有以下几方面作用。首先,非平衡等离子体中携带能量的带电粒子以很高的频率碰撞高阻绝缘膜表层,使其发生强烈的固态击穿,最终表现为阳极表面的击穿处发出斑点状亮光。其次,通过击穿放电通道内产生的等离子体在阳极表面提供一个局部的强电场,能够有效促进基体金属中的离子向外迁移,并将活化氧及电解液中阳离子向内推进,过程类似抽吸作用。接着,等离子体产生的瞬时高温则将阳极表面的氧化物部分熔化,促使氧化物从无定形相向晶体相转变。最后,等离子体中大量的高活性氧(氧分子离子 O_2^+ 和氧原子离子 O^+)与基体金属化合生成氧化物。因此微弧氧化陶瓷层是由一系列无规则分布的微火花放电生成的金属氧化物堆积形成,瞬间完成的微小区域内的等离子体放电所产生的光辐射以及剧烈金属氧化反应释放的热量,导致放电区域形成瞬时局部高温,使生成的金属氧化物熔融,并经历骤热骤冷式的微区热循环,同时伴随局部区域内膜层和基体金属的重熔和快速凝固,最终获得具有非平衡组织结构的金属氧化物陶瓷膜层。

综上所述,微弧氧化过程能量消耗可依据微弧氧化诱发阶段和陶瓷层生长阶段分析:微弧氧化诱发阶段,电源输出的能量主要用于电解水生成氧气、电解液中阴离子的定向移动以及镁合金表面的氧化反应;陶瓷层生长阶段,电源输出能量主要用于维持放电通道内的等离子体,同时形成高活性氧与基体金属化合物生成氧化物。

对电压变化曲线进行分段积分,计算得到微弧氧化过程不同时间段的能量消耗结果,如图 5-2 所示。在起弧阶段,随着通电时间延长,镁合金试样从通电开始到起弧过程各阶段所消耗能量逐渐升高。由于试样表面电阻值增大,在设定电流强度下电子难以通过,只能依靠提高溶液两端电压值驱使电子快速通过,由焦耳定律可知能量消耗增加。生长阶段,微弧氧化陶瓷层增厚是脉冲电场的作用下"击穿—熔融—淬冷"循环作用的结果。随着通电时间增加,样品表面阻值增大,导致击穿所需能量也越大。计算可知,陶瓷层生长阶段能量消耗(54.62 kJ)比起弧阶段(7.98 kJ)明显增加。

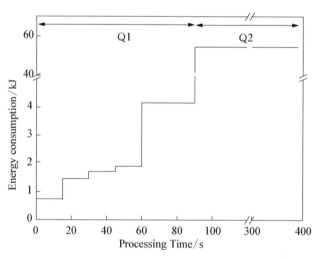

图 5-2　不同时间段镁合金微弧氧化过程能量消耗

5.1.2　降耗目标

变集中式工频升压可控硅半波整流后经多组 IGBT 理论上等值分流斩波再并联输出的设计模式,为支路式高频升压二极管全波整流经单一 IGBT 斩波后,在高速 DSP 运算核心支持的光通信同步发生器控制下并联输出,实现微弧氧化电源功率因数由不足 50％提高到 85％以上的降耗目标。由于受"击穿电压"理论局限,为了获得足以击穿析出于阳极表面的氧气膜并生成稳定氧等离子体的高电压,旧式微弧氧化电源的主电路在设计上采用了工频变压器升压之后依靠可控硅作为功率器件进行整流的典型可控硅电源结构(图5-3)。可控硅电源能以少数器件构成的简单电路结构获得稳定的大功率输出特性,21 世纪初仍然在全球范围内的大功率工业整流应用中广泛使用,因此成为旧式微弧氧化电源主电路结构的首选。由于微弧氧化是一个由几十伏阳极氧化阶段向几百伏(高于 380 V 的工业用电电压)的微弧诱发阶段电压逐渐增加的过程,因此必须在可控硅整流前先使用工频变压器将工业三相电升压至可满足高电压输出需求的范围内。但是体积笨重、发热量大是工频变压器的固有缺陷,可控硅器件与生俱来的较高的开关损耗是旧式微弧氧化电源功率因数仅为 50％的主要原因。

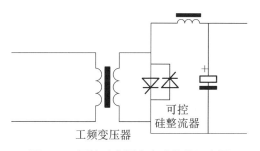

可控
硅整流器

工频变压器

图 5-3　可控硅电源主电路结构示意图

近十年随着大功率 IGBT 器件的可靠性不断提高,以及 ZVS(零电压开关)、ZCS(零电流开关)等软开关技术的理论和实践逐步成熟完善,越来越多的工业特种电源的主电路开始选用开关电源结构(图 5-4)。新式微弧氧化电源以最大限度节省电能为设计目标,主电路采用了开关电源结构,其核心部分为采用 PWM 技术实现调压的 IGBT 全桥逆变器,依靠软开关技术可保障构成全桥逆变器的大功率 IGBT 实现接近"零损耗"的高频次开关,经逆变后获得的高频脉动方波可以通过体积小巧的高频变压器进行升压达到目标高压。虽然开关电源的主电路结构复杂,但摆脱了笨重的工频变压器,节约了占地空间,并在软开关技术的帮助下降低了超过 30％的运行过程中的功耗,使新式微弧氧化电源功率因数达到 85％以上。

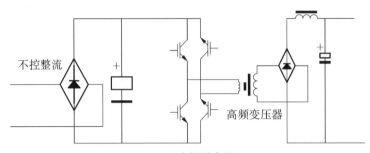

不控整流

高频变压器

IGBT全桥逆变器

图 5‐4 开关电源主电路结构示意图

5.1.3 电流波形控制

在高速 DSP 运算核心支持下,研制不受主电路电磁干扰的光通信同步发生器,实现大功率 IGBT 同步开断,进而使并联之后各 IGBT 输出的脉冲电流波形在微秒精度高度重叠,确保电流波形的 $t_{on\pm}/t_{on\mp}$ 大于 75%。随着高速 DSP 芯片制造成本的降低及可靠性的提升,其在集成控制应用中不断发展,再借助于功能日趋强大的光电信号转换技术,新式微弧氧化电源在经过高功率因数的主电路末端整流后,可以通过光纤通信同步技术实现多组大功率 IGBT 在对负载(阳极工件)输出时达到同步开断效果,进而使并联之后各 IGBT 输出的脉冲电流波形在微秒精度高度重叠,确保电流波形的 $t_{on\pm}/t_{on\mp}$ 大于 75%。受单体 IGBT 器件容量的限制,旧式微弧氧化电源在通过工频升压和可控硅整流之后,由 PLC 对若干个 IGBT 器件发出驱动指令控制开关动作,若干个 IGBT 各自分担一部分电能导通任务,并通过组成多路电流值均等的并联支路达到对负载(阳极工件)大功率输出的效果。但在实践中由 PLC 发出的 PWM 数字信号传达到各 IGBT 驱动电路之间始终存在数十微秒的时间差,因此各支路 IGBT 波形并联时难以高度重叠,造成旧式微弧氧化电源输出电流波形的 $t_{on\pm}/t_{on\mp}$ 小于 50%。而且为了避免各支路的累计时间误差随着 IGBT 数量的增多而成倍增大,使输出电流波形的 $t_{on\pm}/t_{on\mp}$ 更小甚至恶化为三角波,并联 IGBT 的数量一般不超过 4 个,这极大限制了更大功率等级的微弧氧化电源设计与制造。

光纤通信可对数字信号实施判断而将叠加噪声干扰抑制掉,因此光纤数字通信中基本不存在噪声干扰,不仅损耗小,而且对多种形式的电磁干扰具有很强的抗干扰性,通信距离可在理论上无限中继延长,而不影响通信的质量。故此开发出一种以高速DSP芯片为运算核心的光通信同步发生器,DSP与光电转换电路可控制各IGBT几乎同时完成开断动作,多路并联的IGBT之间的开断动作在时间上不再有超前与滞后。为了解决光通信同步发生器中光电转换电路的信号采样与分析处理的微调节准确性,以及高速DSP芯片与用于测量各并联支路中IGBT导通时电流的反馈信号传感器间的接口通信协议等难点,光通信同步发生器以高速DSP为运算核心,通过两路光电转换电路分别同时对N个输出单元进行读写数据和对斩波输出进行精确控制,保证了各数字量信号的快速传输,各指令间无理论等待死区时间,从而实现对N个输出单元同时接收操作指令和上传反馈数据,并指挥N个输出单元中各自的IGBT模块同时(误差仅为微秒量级)开断。因此,可以使各输出单元的脉冲方波完美叠加,其系统结构如图5-5所示。

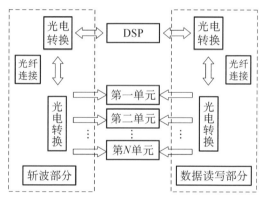

图5-5　光通信同步发生器系统示意图

5.1.4　电源控制模式

在系统功率因数大于85%、峰值电流波形$t_{on上}/t_{on下}$大于75%基础上,研制出I_p大于$3\ 000\ A$的微弧氧化电源,开发出I_p可经增加并联单元扩大至$6\ 000\ A$的控制系统,为铝镁合金微弧复合处理的低能耗运行和随产能增大低成本扩展设备处理能力提供关键硬件支撑。

基于上述高效率开关电源主电路的应用和光通信同步技术,研制出输出脉冲波形接近理想方波的新式微弧氧化电源。由于光通信同步发生器消除了各并联支路 IGBT 间的时间误差,因此并联支路数量在理论上不再受限。当前单台新式微弧氧化电源的输出峰值电流达到 500 A。利用开发的光纤通信同步发生器可同时将每台电源作为独立的输出单元,最多可集成 16 个输出单元,将所有输出单元的输出波形并联叠加,构建成受控电源组进行使用,使用输出单元数灵活可变,最大峰值电流为 500 A×16=8 000 A。另外光纤通信同步发生器亦可同时将最多达 4 个输出单元的脉冲输出波形并联,叠加后极性反转,使受控电源组成为双极性输出系统。

目前已研制出峰值电流大于 3 000 A 的微弧氧化电源(以图 5-6A 中 8×20 kW 并联输出智能微弧氧化电源系统为例),可经增加并联输出单元扩大大于 6 000 A 的控制系统,为铝镁合金微弧复合处理的低能耗运行和随产能增大低成本扩展设备处理能力提供关键硬件支撑。

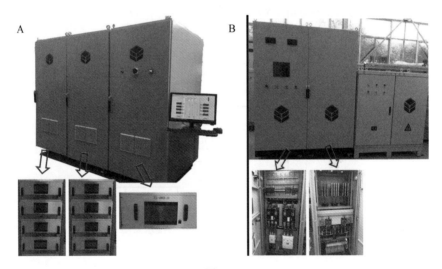

图 5-6

(A)智能低能耗微弧氧化电源系统;(B)传统工频升压可控硅半波整流微弧氧化电源。

5.2 大型复杂工件表面高质量微弧氧化膜层制备

高质量微弧氧化膜层制备的已有研究多集中于处理液配方的优化以及电

参数的设定,而对于阴阳极的比例、极间距以及对应的能量输出特性研究较少,其对获得高质量微弧氧化膜层具有积极意义;同时,在实际应用中,尤其是在交通、海洋、航空航天等领域,又难免会遇到大型尺寸工件的表面强化,实现其表面高质量膜层制备尤为关键。

目前,已研究了改变阴极距离、阴极大小、阴极移动速率等对微弧氧化陶瓷层厚度的影响。通过改变阴极与工件的间距,可得膜层厚度与阴极和工件间距的关系 $\delta-y$ 曲线,如图 5-7 所示。

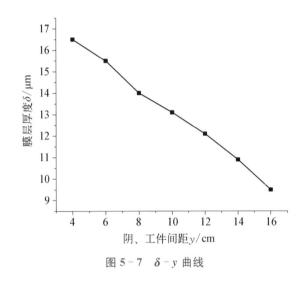

图 5-7　$\delta-y$ 曲线

由图 5-7 可以看出:在给定的实验条件下,得到的膜厚与阴极和工件间距呈线性关系。原因正在于,减小阴极与工件的间距,在相同的外加条件下,工件上的电场强度增强,相同时间内分布于工件表面的能量增加,膜层生长速度加快。

通过改变阴极尺寸的规格,得出膜层厚度与阴极面积大小的关系曲线,如图 5-8 所示。所得到的膜层厚度随阴极面积增加,膜层厚度逐渐增加;达到一个较大的阴极面积 15 dm² 时,膜厚达到最大值 14.9 μm;随后,阴极面积增加,膜厚降低。可见,微弧氧化技术在实际应用中,不能一味地通过改变阴极面积的大小来提高膜层的生长厚度,针对不同的工件材料,应确定其最佳的阴极面积。

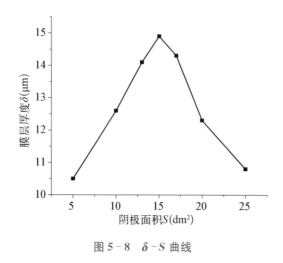

图 5-8 δ-S 曲线

移动阴极的采用,非常方便地提高了被处理工件的表面积,为大工件微弧氧化处理工艺提供了新的途径,如图 5-9 所示。

图 5-9 移动阴极处理的现场图片

阴极移动速率对膜层厚度的影响较为明显,通过实验可知,实验选用阴极尺寸 1 000×150(mm),间距固定为 160 mm,得到膜层厚度与阴极移动速率的关系曲线如图 5-10 所示。通过改变阴极的移动速率可以在整块试样上得到厚度均匀的陶瓷层,由图得出:阴极的移动速率与膜层生长厚度呈递减关系。当阴极移动速率(v=0 cm/min)最小时,膜层的生长厚度(δ=13.5 μm)最大,随着移动速率的增加,膜层生长速率变慢,膜厚较小。

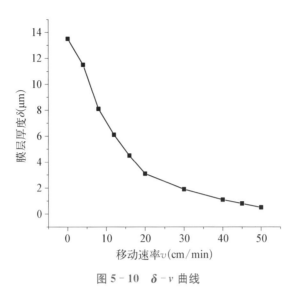

图 5 - 10　$\delta - v$ 曲线

　　两年来,日照哈顿微弧氧化有限公司对纯铝、铸铝、锻铝及其合金等十几个牌号进行了微弧氧化处理(如图 5 - 11 所示)。先后为海军某潜艇、登陆艇及导弹快艇等型号装备进行了 1 569 件(套)微弧氧化防腐处理,表面积超过 2 平方米的工件占 25.8%,高硅铸铝工件占 33.2%。

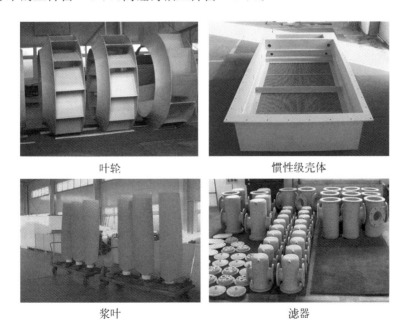

叶轮　　　　　　　　　　　　惯性级壳体

桨叶　　　　　　　　　　　　滤器

摩擦靴

减速机壳体

图 5-11　大型微弧氧化处理工件实物图

　　实践表明,在不改变电源功率的前提下,合理调整微弧氧化的工艺参数,可实现对大型铝合金工件的微弧氧化处理。经过多方使用,微弧氧化膜层具有良好的耐磨、耐腐蚀性能,且在合适的膜层厚度范围内,对基体的机械性能没有明显影响。

　　经过二十余年的努力,微弧氧化技术已成为解决多种阀金属表面防护难题的优选工艺,研究集中于将微弧氧化技术作为表面防护处理工艺,旨在降低处理能耗、增大陶瓷层的厚度与致密度,以提高基体的使用性能,尤其是在低能耗设备研制及工艺优化等方面获得了长足的进步;此外,在阀金属(铝、镁、钛等)方面的应用也已由简单防护扩展到化学催化涂层和生物复合涂层制备等多功能领域。

5.3　镁、铝、钛合金微弧氧化处理工艺及防护性能

　　微弧氧化处理是在铝、镁、钛等轻合金表面生成一层金属自身氧化物的陶瓷层,理论上属不消耗溶质元素的处理工艺,因此,有既不消耗阴极又不消耗电解液溶质元素的清洁处理技术之称;同时,因其生成物的陶瓷属性可赋予铝、镁、钛合金表面优异的耐磨抗蚀性能及功能特性而引起学术界几十年不减的研究热情和工程界对应用开发的极大关注,已有许多企业将微弧氧化处理写进产品的设计图纸,在轻量化防护、化学催化及生物等领域具有广阔的应用空间,已成为以阀金属为基体实现其表面防护性能与功能特性改善的首选工艺。

5.3.1　镁合金微弧氧化防护处理工艺及膜层耐蚀性

镁合金具有密度小、比强度和比刚度高、尺寸稳定性好、电磁屏蔽性好以及良好的减震性等诸多优点,在当前能源与环境的双重压力下,已经成为国内外高性能轻合金材料的研发热点。我国镁资源丰富,国内已形成航空航天等高技术领域以及汽车、五金、卫浴、信息产品等生产与制造企业对镁合金材料产生广阔应用需求的局面,开展镁合金材料与应用技术的相关研究显得尤为迫切和重要。目前,镁合金材料研究领域中制约其推广应用的因素众多,其中存在的两个关键问题是:① 由于镁的电极电位低,化学活性很高,在潮湿空气、含硫气氛、海洋大气以及人体环境中均会发生严重腐蚀,而镁自身形成的疏松氧化物薄膜难以对基体提供有效保护,导致其耐腐蚀性差;② 镁合金质地软,硬度较低,作为结构材料易因磨损失效而导致构件报废。通过在镁合金基体上制备耐磨、耐蚀表面改性涂层材料,被认为是目前改善其抗腐耐磨性能的一种有效途径。

1. 单一微弧氧化处理镁合金的耐蚀性分析

现有的镁合金表面处理工艺很多,将镁合金微弧氧化处理膜层与传统的铬化处理和阳极氧化处理膜层进行耐蚀性对比,研究微弧氧化工艺改善镁合金耐蚀性的效果。

(1) 微弧氧化陶瓷层形貌特征

通过对截面形貌观察发现(图 5-12A),微弧氧化陶瓷层致密光滑并与镁合金基体结合紧密,以冶金方式结合;由于陶瓷层化学性质较镁合金稳定,隔离了其与外界的接触而使得陶瓷层对镁合金具有一定的保护作用。由图 5-12B 可以看出:该陶瓷层表面高低不平,由大量直径在几微米到十几微米大小不等的放电微孔组成。陶瓷质氧化物在一定程度上提高了镁合金基体的耐蚀性,但其电极电位仍较小,同时陶瓷层表面的大量微孔易使腐蚀介质渗入而加速陶瓷层腐蚀。因此,单一的微弧氧化处理工艺往往难以解决镁合金的抗腐性能,须经一定的后续处理工艺以实现镁合金耐蚀性的提高。

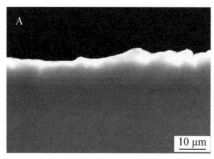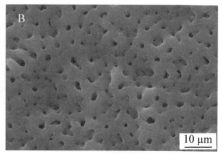

图 5-12　镁合金微弧氧化陶瓷层微观形貌

（A）截面形貌；（B）表面形貌。

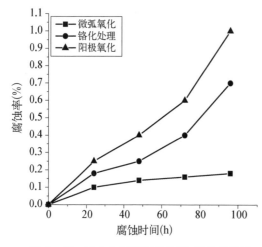

图 5-13　镁合金微弧氧化处理、铬化处理及
阳极氧化处理膜层的腐蚀率与
腐蚀时间的关系曲线

（2）微弧氧化陶瓷层耐蚀性

图 5-13 为镁合金经微弧氧化处理、铬化处理、阳极氧化处理后盐雾腐蚀实验腐蚀率与腐蚀时间的关系曲线。从图中可以看出，微弧氧化处理试样表现出较好的耐蚀性，铬化处理次之，阳极氧化处理的耐蚀性最差；随着腐蚀时间的延长，微弧氧化陶瓷层的腐蚀率增加比较平稳，而阳极氧化膜和铬化处理膜最初腐蚀率增加也相对比较平稳，但经过 72 h 盐雾腐蚀实验以后，其腐蚀率增加较快，膜层

的破坏比较严重。经过 96 h 盐雾腐蚀实验以后，阳极氧化膜的实验现象是腐蚀产物从基体表面脱落，试样腐蚀后的表面用肉眼能直接观察到大片的脱层和裸露出的被腐蚀的基体；铬化处理膜层也出现大片的腐蚀，也有部分腐蚀产物从基体表面脱落；而微弧氧化处理膜层只是表面局部出现个别腐蚀坑，并未发现像阳极氧化与铬化处理膜层那样出现大面积的腐蚀。

图 5-14 为镁合金微弧氧化陶瓷层腐蚀前后的表面微观形貌照片。其中，图 5-14A 为微弧氧化陶瓷层腐蚀前的表面形貌，可以看出，陶瓷层表面随

机分布着许多孔径大小不一的、放电衰减后残留的微孔。图 5 - 14B,C,D 为经过 96 h 盐雾腐蚀实验后不同状态的腐蚀形貌。从图 B 可以看出,膜层表面出现大小不一的腐蚀孔洞;图 C 是已经出现孔蚀现象的某一微孔的形貌,从其形貌来看,这是膜层表面某一缺陷部位首先形成蚀核,蚀核在逐渐长大,并且进一步向周围及内部扩展;图 D 为已经出现宏观腐蚀坑的表面形貌,可以看出其腐蚀孔洞的孔径为 $80 \sim 100 \ \mu m$。从镁合金微弧氧化陶瓷层腐蚀后的形貌特征来看,其腐蚀类型应该属于点蚀。

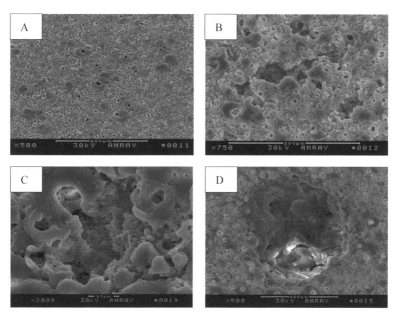

图 5 - 14　镁合金微弧氧化陶瓷层盐雾腐蚀前后的表面形貌

(A) 盐雾腐蚀前的表面形貌;(B,C,D) 96 h 盐雾腐蚀实验后腐蚀坑的微观形貌。

在大多数情况下,镁合金零部件要与其他异种金属(如:钢、铝、铜等金属)连接使用,不可避免会出现连接腐蚀。而由其腐蚀环境和腐蚀形式可以推断,镁合金在与其他金属连接时,因其具有电位差,可能会发生电偶腐蚀;因其接触部位存在缝隙,可能发生缝隙腐蚀。对镁合金表面进行微弧氧化处理,可在一定程度上提高陶瓷层的耐蚀性,但是在连接腐蚀状态下其耐蚀性如何,就有必要对陶瓷层进行连接腐蚀实验,并与铬化处理的镁合金的连接腐蚀性能进行对比。镁合金未经表面处理、铬化处理、微弧氧化处理试样与铝合金连接后,置于盐雾实验箱中,经不同浓度盐雾腐蚀实验后的腐蚀形貌如图 5 - 15 所示。图中(A)为空白镁合金的腐蚀形貌,(B)为铬化处理镁合金的腐蚀形貌,(C)为微弧氧化镁合金的腐蚀形貌。

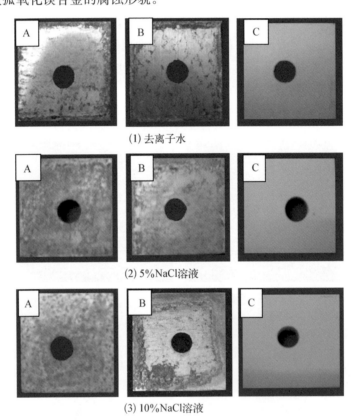

(1) 去离子水

(2) 5%NaCl溶液

(3) 10%NaCl溶液

图5‑15　不同腐蚀溶液浓度条件下三种镁合金的腐蚀形貌对比(72 h)

(A) 未处理镁合金;(B) 铬化处理镁合金;(C) 微弧氧化镁合金。

　　将不同表面处理镁合金的腐蚀形貌与未经处理的镁合金进行对比,可以明显看出,未经处理的镁合金腐蚀程度较后两者严重许多,按照GB/T 6461—2002标准评定列表如表5‑1。

表5‑1　不同浓度腐蚀溶液条件下几种表面处理方法对连接腐蚀的保护等级

介质浓度	未经处理镁合金	铬化处理镁合金	微弧氧化镁合金
0%	3	5	9
5%	0	4	9
10%	0	3	9

综合来看可以发现,不同浓度腐蚀溶液条件下,未经处理镁合金试样上,出现大量腐蚀坑;铬化处理膜层对镁合金连接腐蚀保护作用是有限的,在腐蚀初期并没有出现明显的腐蚀现象,但是膜层有被盐雾溶解现象。随着时间的延长,膜层逐渐溶解,露出镁合金基体,腐蚀现象与未经处理镁合金相同;而微弧氧化陶瓷层在腐蚀过程中,由于其具有高阻抗、结合力高和耐蚀性好的特性,不仅没有产生电偶腐蚀,而且有连接后腐蚀失重明显小于未连接件。这可能是因为在连接处连接紧密,盐雾沉积量少,腐蚀明显较轻。因此可以得出:镁合金经微弧氧化处理后,可以明显减缓镁合金与铝合金的连接腐蚀。

采用微弧氧化工艺改善镁合金的耐蚀性,由于陶瓷层的自身属性及形貌特征,决定了仅仅微弧氧化一道工序,通过调控电参数和电解液组成,是难以从根本上解决镁合金的防腐难题。因此,围绕微弧氧化技术特点,开发相关的复合工艺就显得尤为重要。

2. 镁合金微弧电泳复合处理工艺及膜层耐蚀性

利用镁合金微弧氧化陶瓷层表面多孔、绝缘的特性,将其直接对接电泳工艺,微弧氧化处理仅成为后续处理工艺的前处理工序,将省去酸洗、碱洗、敏化、活化及水洗等多道前处理工序,有利于简化复合处理工艺,减少环境污染,同时微弧氧化处理工艺仅为后续处理提供附着基体,氧化时间可由单一微弧氧化处理的 $10\sim15$ min 减少为 $2\sim5$ min,而后续处理工艺,如电泳处理也仅为 $2\sim3$ min,提高了复合处理效率。

(1) 微弧电泳复合处理工艺流程

微弧氧化处理工艺对工件的表面要求较磷化处理低,形成的微弧电泳复合处理工艺如图 5-16 所示,整个工艺过程仅 6 道工序,镁合金可直接经微弧氧化处理后再经简单水洗即可进行电泳处理,从而大幅度减少了传统电泳工艺的前处理工序由于存在多道酸洗、碱洗及水洗造成的污染排放。

图 5-16　微弧电复合处理工艺流程图

镍合金微弧氧化处理的起弧阶段在 50 s 左右，2 min 左右即可形成多孔陶瓷层，微弧电泳复合处理工艺对微弧氧化处理工艺的要求较低，仅是形成绝缘多孔的陶瓷层作为电泳基体，因此，微弧氧化处理时间相对较短。而陶瓷层疏松多孔的表面结构，也决定了其绝缘效果较差。耐压实验发现：镍合金微弧氧化陶瓷层的击穿电压低于 500 V，而微弧电泳复合膜层的击穿电压可达 2 000 V 以上，两者相差较大，这就决定了在不同微弧氧化处理工艺条件下制备的不同厚度及表面特征的陶瓷层均易满足电泳涂装工艺的要求。

电泳涂装工艺可根据电泳漆色泽的不同容易改变样品的外观颜色，采用微弧电泳复合处理工艺制备出镍合金样品，如图 5-17 所示。

图 5-17　微弧电泳复合处理镍合金试样

（2）微弧电泳复合膜层的截面形貌

镍合金微弧氧化多孔陶瓷层作为电泳涂装工艺的基体，由于电泳过程是在工件表面的强电场部位优先成膜，而陶瓷层的微孔处电绝缘性较差而电场较强，因此成膜物质在此处优先沉积，实现了对陶瓷层的封孔。通过对复合膜层的截面形貌分析（如图 5-18），发现电泳层中含有大量的碳，进入陶瓷层碳含量明显减少，而局部微孔处的碳含量增加，没有发现镍和氧，在复合膜层的界面处镍和氧的含量开始增加，越靠近镍基体，镍、氧的含量越高，但在微弧氧化陶瓷层的微孔处镁、氧的含量明显减少,而碳的含量显著增加,表明电泳层已嵌入微弧氧化陶瓷层的微孔,形成了机械咬合力,有利于提高复合膜层的膜基结合力,而在后续耐蚀性研究中发现复合膜层对镁基体的防护性能与膜基间结合力关系密切。同时微弧氧化处理时间可缩短为 3～5 min,目的仅是为电泳层提供多孔表面结构的附着基体,有利于降低处理能耗,提高处理效率。

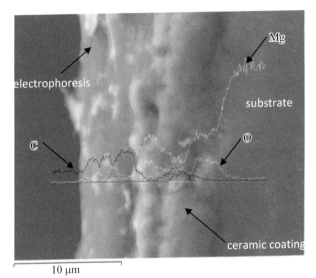

图 5-18　微弧电泳复合膜层截面形貌及相应成分变化图

实验中分别采用中性盐雾实验、电化学实验及耐酸性实验评价镁合金微弧电泳复合膜层的耐蚀性,针对镁合金常与其他异金属连接使用的应用背景以及复合膜层易被划伤的缺点,研究了微弧电泳复合膜层的抗连接腐蚀与划伤腐蚀性能,并探讨了其腐蚀机理。

(3)微弧电泳复合膜层的耐蚀性评价

采用中性盐雾实验对比微弧氧化和微弧电泳复合处理镁合金的耐蚀性,并以腐蚀失重曲线评价其优劣,结果如图 5-19 所示。经微弧氧化处理的镁合金样品腐蚀 100 h 后,陶瓷层腐蚀增重量为负值且变化趋势很大,宏观腐蚀形貌出现明显的腐蚀坑,腐蚀 300 h 镁合金样品减重达 70 g/m² 左右,陶瓷层已被完全破坏;采用微弧电泳复合处理的镁合金样品经 800 h 的中性盐雾腐蚀实验,复合膜层的腐蚀增重量与表面形貌均无明显变化。

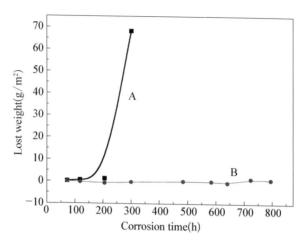

图 5‒19   镁合金试样中性盐雾腐蚀曲线

（A）微弧氧化；（B）微弧电泳。

耐中性盐雾腐蚀实验结果表明：微弧电泳复合处理镁合金样品耐蚀性远优于单一的微弧氧化处理样品。其原因在于，微弧电泳复合处理相当于对微弧氧化陶瓷层进行封孔处理，电泳漆中成膜物质在电场作用下沉积于陶瓷层表面，并经交联固化反应形成化学性能稳定的电泳层。在中性盐雾实验中电泳层有效阻挡了腐蚀离子 Cl^- 渗入到达镁基体，提高了镁合金的耐蚀性。

图 5‒20 为微弧氧化与微弧电泳两种不同工艺处理镁合金样品在 3.5%

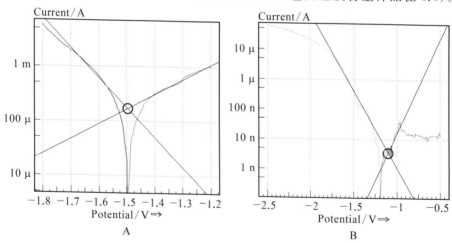

图 5‒20   不同处理工艺镁合金极化曲线

（A）微弧氧化；（B）微弧电泳。

氯化钠溶液中的极化曲线,可以看出,微弧电泳复合处理镁合金在氯化钠溶液中的腐蚀电流 I_{corr} 较小(3.94 nA),而腐蚀电位 E_{corr} 较高(−1.10 V);微弧氧化处理镁合金样品在氯化钠溶液中的腐蚀电流 I_{corr} 较大(170 μA),而腐蚀电位 E_{corr} 较低(−1.50 V)。说明微弧电泳复合处理镁合金样品在氯化钠溶液中腐蚀缓慢,电泳层有效地隔离了腐蚀介质对微弧氧化陶瓷层的侵蚀。

镁合金微弧电泳复合处理工艺的核心在于借助陶瓷层的多孔性提高电泳有机层与基体的结合力,并利用有机层的电化学稳定性隔离腐蚀介质与镁合金基体的接触,进而提高其耐蚀性,镁合金在实际应用中常与其他金属连接使用,研究复合工艺处理镁合金的抗连接腐蚀性能具有较高的工程应用价值。图 5‑21 为微弧氧化处理和微弧电泳复合处理镁合金分别与铝合金连接的腐蚀曲线,由图知:经微弧氧化处理镁合金样品在腐蚀 24 h 后失重量高达 16.78 g/m²,且随着腐蚀时间的延长腐蚀失重量持续快速增大,而微弧电泳复合处理镁合金样品在腐蚀 432 h 后失重量仅为 0.44 g/m²。

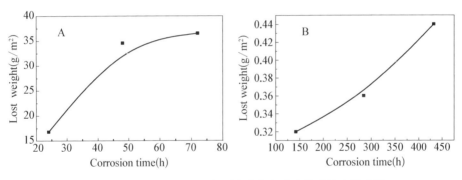

图 5‑21　不同处理工艺所得镁合金与铝合金的连接腐蚀曲线

(A) 微弧氧化;(B) 微弧电泳。

图 5‑22 为不同工艺处理镁合金与铝合金连接后腐蚀不同时间的宏观表面形貌。图 5‑22A 表明未处理镁合金与铝合金连接腐蚀 24 h 后表面已破坏较为严重,存在明显的腐蚀孔洞;图 5‑22B 为镁合金经微弧氧化处理后与铝合金连接腐蚀 72 h 后的表面形貌,可见陶瓷层表面存在较多的腐蚀斑点;微弧电泳复合处理镁合金与铝合金连接腐蚀 432 h 后膜层表面无任何变化(图 5‑22C)。可见采用微弧氧化处理镁合金的抗连接腐蚀性能提高有限,而微弧电泳复合处理镁合金的抗连接腐蚀性能优越,能对镁合金基体提供有效的防护。

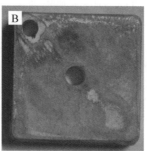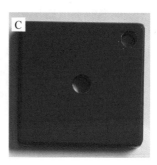

图 5 - 22 不同处理工艺所得镁合金试样与铝合金连接腐蚀后表面形貌

(A) 未处理镁合金；(B) 微弧氧化处理镁合金；(C) 微弧电泳复合处理镁合金。

　　微弧电泳复合处理镁合金的抗连接腐蚀性能较未处理镁合金和微弧氧化处理镁合金明显提高,这主要是由于微弧氧化陶瓷层的多孔结构对电泳有机层的吸附和嵌合作用,复合膜层附着力良好,具备了高阻抗和良好的屏蔽性,有效地隔离了镁合金基体与腐蚀介质的接触,从而对连接腐蚀起到了较好的抑制作用,使其与铝合金连接后很难形成电偶腐蚀。在此过程中,铝合金作为阳极而加速腐蚀,而微弧电泳复合处理镁合金作为阴极而使腐蚀过程受到抑制。

　　由于镁的电极电位很低(相对于标准氢电极为 -2.37 V),易于发生电偶腐蚀,在腐蚀环境中与其他金属接触时形成了腐蚀微电池,导致镁合金表面迅速发生点蚀。镁合金在电镀或化学镀等其他表面处理后,其表面必须完好无损,否则不但不能有效防止腐蚀,反而会加速镁合金的腐蚀。镁合金表面进行浸锌、直接化学镀镍等前处理时,所形成的保护层必须保证无孔。镁合金上的 Cu/Ni/Cr 镀层,曾有人提出镀层的厚度至少应为 $50~\mu m$,保证无孔才能进行室外应用。但在室外应用过程中工件的划伤在所难免,研究微弧电泳复合处理镁合金的抗划伤腐蚀性能具有重要的工程应用价值。

　　图 5 - 23 为在中性盐雾腐蚀实验中镁合金经不同工艺处理后在划伤状态下的腐蚀失重量-时间变化曲线,从图中可以看出,微弧电泳复合处理镁合金的划伤腐蚀速率最低,化学转化处理后电泳次之,直接电泳的划伤腐蚀速率最高,为微弧电泳复合处理镁合金的 7 倍。其原因在于复合膜层的电化学稳定性将被保护金属与腐蚀介质隔离,使之不易进入涂层/金属基体界面,同时微弧电泳复合膜层良好的膜基结合力又保证即使腐蚀介质进入基体,电泳层也不易脱离基体,对镁合金基体仍起到一定的保护作用。三种不同处理工艺的

本质区别在于电泳处理时镁合金表面状态不同,从而导致复合膜层的膜基间结合力产生差异,最终影响其抗划伤腐蚀性能。

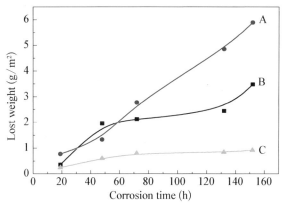

图 5‑23　不同工艺处理镁合金的抗划伤腐蚀曲线

(A) 直接电泳;(B) 化学转化膜+电泳;(C) 微弧电泳。

　　为了进一步分析微弧电泳复合处理镁合金的抗划伤腐蚀性能,对比了直接电泳、化学转化膜+电泳以及微弧电泳处理镁合金经不同腐蚀时间的表面形貌特征。由图可知,三种工艺处理镁合金经 152 h 的中性盐雾实验均发生了不同程度的腐蚀,且腐蚀区域主要集中于划痕处,并以划痕为中心随腐蚀时间延长向两侧扩散。不同之处在于,直接电泳层腐蚀更为剧烈,经 48 h 腐蚀电泳层已开始剥离基体,失去对镁合金的保护功能,且在此过程中,电泳层不仅发生了缝隙腐蚀,同时也存在明显的点腐蚀(图 5‑24);化学转化膜+电泳复合处理镁合金经 48 h 腐蚀,划痕处化学转化膜已形成了明显的腐蚀产物,且复合膜层在经 132 h 腐蚀后与基体剥离,但在整个腐蚀实验过程中电泳层没有发生点腐蚀(图 5‑25);微弧电泳复合处理镁合金抗划伤腐蚀性能最好,复合膜层直到腐蚀 152 h 时划痕处产生少量腐蚀产物,复合膜层并未与基体剥离(图 5‑26)。可见,直接电泳、化学转化膜+电泳以及微弧电泳三种工艺处理镁合金的抗划伤腐蚀性能依次增强,其原因在于电泳处理时镁合金不同的表面状态所导致的复合膜层间结合力不同。由此可以得知:镁合金耐蚀性的提高首先依赖于电泳层的化学稳定性,其隔离了腐蚀介质与基体的接触,同时,镁合金表面的预处理工艺为电泳有机层的附着提供结合面,增强了膜基间的结合力,使得腐蚀介质通过电泳层的缺陷处侵入附着基体,导致陶瓷层腐蚀时电泳层仍未发生剥离,可抑制腐蚀过程的加剧,并对镁合金基体实施保护。

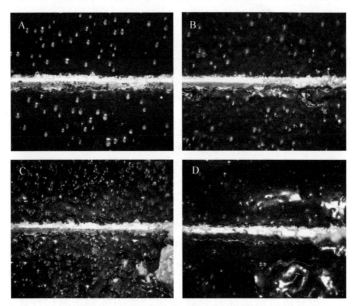

图 5 - 24　直接电泳膜层划伤腐蚀不同时间的表面形貌(×50)
(A) 19 h;(B) 48 h;(C) 132 h;(D) 152 h。

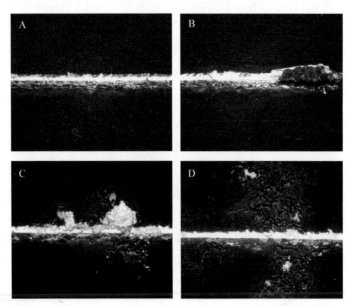

图 5 - 25　化学转化膜＋电泳复合膜层划伤腐蚀不同时间的表面形貌(×50)
(A) 19 h;(B) 48 h;(C) 132 h;(D) 152 h。

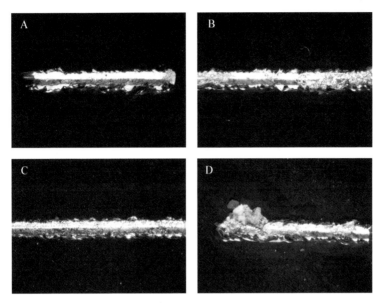

图 5 - 26　微弧电泳复合膜层划伤腐蚀不同时间的表面形貌(×50)

(A) 19 h；(B) 48 h；(C) 132 h；(D) 152 h。

通过对比镁合金表面化学转化膜和微弧氧化陶瓷层的微观形貌可知,化学转化膜表面呈"干枯河床"状,"河床"中存在大的裂纹,裂纹间横向、纵向裂纹相互交错,连接在一起(图 5 - 27A)。微弧氧化陶瓷层表面高低不平,由大量孔径在微米级的放电微孔组成,并与镁合金基体呈冶金结合(图 5 - 27B)。镁合金表面膜层不同的微观形貌对复合膜层间结合力产生较大影响。

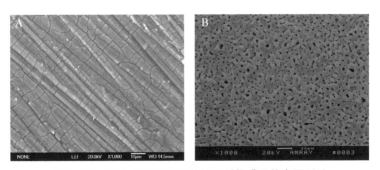

图 5 - 27　镁合金经不同工艺处理所得膜层的表面形貌

(A) 化学转化膜；(B) 微弧氧化陶瓷层。

直接电泳过程中有机物沉积时的场强较大,在阴极上析出大量氢导致电泳层与镁基体的界面处存在明显分界线,此外镁的电极电位很低,在室温中即可迅速被氧化而生成一层疏松多孔氧化膜,其对电泳层的黏结性和均匀性存在破坏作用,致使直接电泳层的附着力差,经划圈试验电泳层已部分脱落,结合力等级仅为 4 级(图 5 - 28A);化学转化处理后电泳所得复合膜层的附着力较直接电泳有较大提高,通过在镁合金表面形成一层化学转化膜增加了基体表面粗糙度,增强了粘接界面卜的机械啮合作用,提高了电泳层与基体表面物质间的亲和力,划圈试验测得结合力为 2 级(图 5 - 28B);微弧电泳复合膜层的结合力为 1 级(图 5 - 28C),相对于其他表面状态镁合金电泳膜层的结合力均有较大提高,其原因在于:微弧氧化处理镁合金表面由于击穿放电形成的大量盲性微孔为电泳沉积层的附着提供了良好的基体界面,其绝缘、均匀、多孔特性,很好地满足了电泳涂装工艺对基材表面的要求。

图 5 - 28　不同电泳膜层经划圈试验后表面形貌
(A) 直接电泳;(B) 化学转化膜+电泳;(C) 微弧电泳。

综上,微弧电泳和化学转化膜+电泳处理工艺均较直接电泳处理的镁合金耐蚀性有了很大程度的提高。其原因在于电泳层在电场作用下沉积于陶瓷层表面并经交联固化反应形成,有机层的化学性质稳定,隔离了陶瓷层或镁基体与腐蚀介质的接触,使 Cl^- 不易渗过电泳层到达基体,大幅度提高了镁合金的耐蚀性。但微弧电泳复合处理镁合金耐蚀性较直接电泳处理有了大幅度的提高,是因为腐蚀过程中 Cl^- 在浓度梯度作用下渗入电泳层和基体的界面处,将分别与陶瓷层或镁基体产生电化学反应,形成气泡而增大了电泳层的应力,进而导致其剥离,最终使镁合金被腐蚀。因此,电泳层与基体的结合力大小在很大程度上决定了电泳处理镁合金的耐蚀性,镁合金化学转化膜的"河床状"裂纹和微弧氧化陶瓷层表面盲性微孔均为电泳层提供了良好的附着基体,复合膜层间均形成了机械咬合力,使其结合力相对于直接电泳层明显增大,因此,复合处理镁合金的耐蚀性得到了较大幅度的提高。

3. 镁合金微弧氧化＋SiO₂溶胶复合处理工艺及膜层耐蚀性

微弧氧化处理可在镁合金表面形成一层陶瓷层以提高其耐蚀性，但陶瓷层的电极电位仍较低（接近－2 V）且表面多微孔，使得仅经微弧氧化处理镁合金的耐蚀性提高有限，难以满足实际应用的要求（耐盐雾腐蚀 500 h 以上），因此必须对陶瓷层表面微孔进行合适的封闭处理。常见的封孔工艺包括热封孔、冷封孔以及传统的有机高聚物封孔。但上述工艺均存在一定的弊端，包括能源成本高、水质要求高、封孔速度慢、易污染环境、膜层易老化等，在镁合金封孔处理中的应用受到限制。传统的镁合金微弧氧化陶瓷层后续处理工艺大都采用有机封孔，但有机膜层抗划伤及中高温条件下的保护能力较差。而现有的陶瓷层无机封孔工艺比较复杂，且直接在陶瓷层表面制备无机膜层的难度较大。采用溶胶-凝胶技术可以利用有机物为起始原料制备无机膜层，同时还具有简化工艺和减少环境污染的积极作用。基于以上的分析，采用溶胶-凝胶技术在镁合金微弧氧化陶瓷层表面制备 SiO₂ 膜层能够赋予陶瓷层优异的抗腐蚀性能，同时更加有效地保护镁合金基体。

镁合金试样经过不同时间微弧氧化处理后分别采用涡流测厚仪和便携式表面粗糙度测试仪测量其厚度和粗糙度，得到陶瓷层厚度和粗糙度随处理时间的变化曲线，如图 5-29 所示。从微弧氧化时间与陶瓷层的厚度关系曲线可以看出，在其他参数不变的情况下，随着微弧氧化时间的延长，陶瓷层的厚度几乎按线性趋势逐渐增加。这是由于随着微弧氧化过程的进行，陶瓷层表面阻抗值提高，在恒流模式下，要维持电流的稳定，只能使加在陶瓷层上的电压不断地升高，同时根据 $P=UI$ 可以知道，击穿放电的瞬时功率越来越大，消耗的能量也越来越多，因此陶瓷层的厚度随着微弧氧化时间的延长而增加。

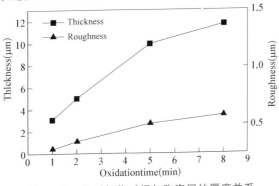

图 5-29　微弧氧化时间与陶瓷层的厚度关系

　　微弧氧化时间对陶瓷层的表面粗糙度也有一定的影响,即随着微弧氧化时间的延长,陶瓷层的表面粗糙度也有所增大。陶瓷层表面粗糙度的变化主要是由于陶瓷层厚度的增加,导致其表面的阻抗值增大,为了维持恒定的电流,只能通过提高电压去实现,这就使单脉冲的能量增大。在每一个脉冲周期内,随着单个脉冲能量增加,陶瓷层在击穿放电时所产生的熔融物体积增加,熔融物经"液淬"后凝固形成的熔融颗粒也较大,导致放电通道冷凝后留下的微孔孔径增大(如图 5 - 30 所示),微弧氧化 1 min 所得陶瓷层表面微孔孔径均小于 1 μm,而微弧氧化 8 min 所得陶瓷层表面微孔孔径已接近 2 μm,最终导致陶瓷层表面粗糙度增大。

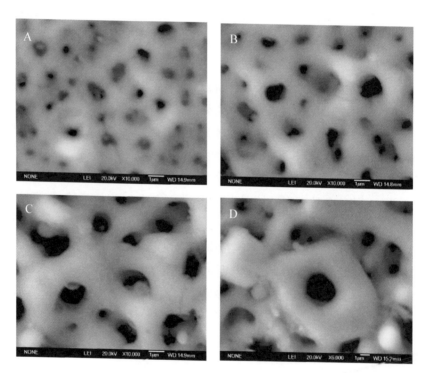

图 5 - 30　不同微弧氧化时间制备陶瓷层的表面形貌

(A) MAO 1 min; (B) MAO 2 min; (C) MAO 5 min;(D) MAO 8 min。

　　采用机械方法剥除陶瓷层表面多余的 SiO_2 无机层,可以发现,SiO_2 溶胶颗粒均有效填充了不同孔径的陶瓷层微孔(图 5 - 31),可有效阻滞腐蚀介质通过陶瓷层微孔进入基体,实现了封孔的目的。

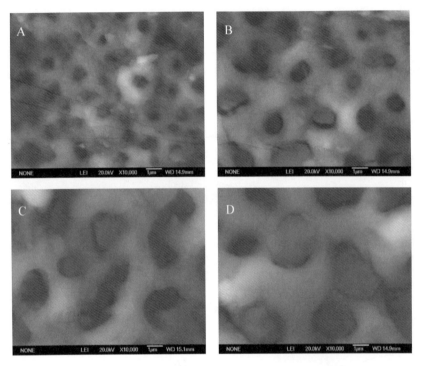

图 5 - 31　不同微弧氧化时间所得复合膜层的表面形貌
(A) MAO 1 min；(B) MAO 2 min；(C) MAO 5 min；(D) MAO 8 min。

采用电化学实验考察陶瓷层表面形貌对复合膜层耐蚀性的影响规律。镁合金微弧氧化陶瓷层和复合膜层在质量分数为 3.5％NaCl 溶液里进行动电位极化测试,如图 5 - 32 所示。从图 5 - 32 中对比可以看到微弧氧化时间对陶瓷层和复合膜层的极化曲线形状影响不大。陶瓷层和复合膜层阴极极化曲线形状很相近,但是它们的阳极极化曲线有较大的差别。微弧氧化陶瓷层和复合膜层由于氧化膜的保护作用,极化曲线的阴极支的斜率比较小,均没有出现氧化还原反应引起的扩散平台,而是随着电位的负移,阴极反应电流密度逐渐增加。复合膜层的阳极极化曲线都在 -1.2 V 左右出现波动,这主要是由于随着极化时间的延长,电解水时生成的 OH$^-$ 浓度变大,同时 OH$^-$ 在试样表面大量聚集,与复合膜层表面的 SiO$_2$ 反应,破坏了复合膜层表面的 SiO$_2$ 层,从而失去了对陶瓷层的保护作用,腐蚀电流迅速增加。

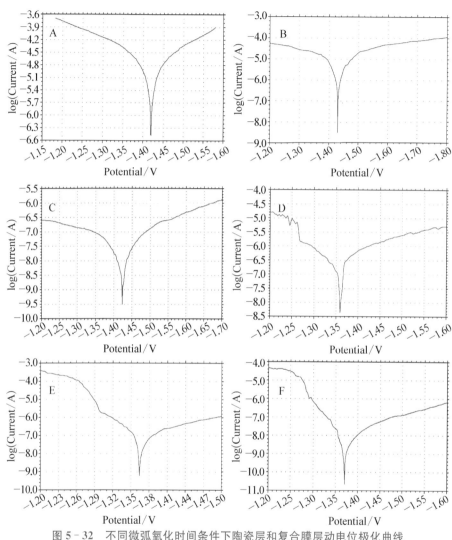

图 5-32 不同微弧氧化时间条件下陶瓷层和复合膜层动电位极化曲线

(A) MAO(1 min);(B) MAO(2 min);(C) MAO(8 min);(D) MAO(1 min)+sol;
(E) MAO(2 min)+sol;(F) MAO(8 min)+sol。

对图 5-32 中的电化学极化曲线进行分析,可以直接得到陶瓷层和复合膜层的腐蚀电位随微弧氧化时间的变化曲线,如图 5-33,可以看到,随着处理时间的延长,陶瓷层的腐蚀电位在−1.45 V 到−1.4 V 变化,复合膜层的腐蚀电位变化在−1.4 V 到−1.35 V 变化,它们的变化趋势都不明显。从热力学上讲,腐蚀电位主要是由材料本身的性质决定的,材料的腐蚀电位越正,腐蚀倾

向越低,而复合膜层的腐蚀电位与陶瓷层相比较低,说明复合膜层的耐蚀性优于陶瓷层。但腐蚀电位只能说明腐蚀倾向,不能说明在使用环境中的实际耐蚀性,因此判断其耐蚀性主要依据在具体腐蚀环境中的腐蚀电流密度。

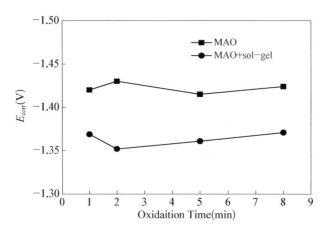

图 5‑33　微弧氧化时间对陶瓷层和复合膜腐蚀电位的影响

由塔费尔区域外推法可以计算腐蚀电流密度(I_{corr}),得到了陶瓷层和复合膜层的 I_{corr} 随微弧氧化时间的变化,如表 5‑2。可见,随着微弧氧化时间的延长,陶瓷层和复合膜层的耐蚀性增强,复合膜层的腐蚀电流密度较陶瓷层也降低了两个数量级,这主要是因为陶瓷层和复合膜层有不同的显微结构。陶瓷层表面存在微孔,这些微孔像通道一样使得腐蚀性的 Cl^- 很容易进入并产生腐蚀。与陶瓷层相比,微弧氧化+SiO_2溶胶复合处理可以使 SiO_2胶粒进入陶瓷层表面的微孔,封闭了腐蚀介质侵入的通道,同时多余的溶胶在表面形成了化学性质稳定的 SiO_2膜层,对陶瓷层也能够起到良好的保护作用,进一步降低了腐蚀电流密度。

表 5‑2　不同微弧氧化时间条件下陶瓷层和复合膜层的腐蚀电流密度

I_{corr}（A/cm²）	1 min	2 min	5 min	8 min
陶瓷层	2.414×10^{-5}	6.073×10^{-6}	6.092×10^{-7}	3.016×10^{-8}
复合膜层	5.258×10^{-7}	7.165×10^{-8}	3.214×10^{-9}	2.812×10^{-9}

不同微弧氧化时间制备的陶瓷层和复合膜层在中性盐雾条件下腐蚀失重曲线如图 5‑34 所示。图 5‑34A 是陶瓷层的失重量随时间的变化曲线,随着微弧氧化处理时间的延长,陶瓷层的单位面积失重量逐渐减少,这与表面腐蚀宏观照片一致。根据腐蚀失重的变化趋势,可以看到陶瓷层在中性盐雾实验

前期失重量较小,不同处理时间制备的陶瓷层失重量基本一致,但随着盐雾实验时间的增加,陶瓷层失重量迅速增加,并且微弧氧化时间短的陶瓷层失重量增加较快。这主要是由于微弧氧化时间短制备的陶瓷层厚度也较小,在经过一段时间腐蚀以后,试样表面产生了腐蚀点,而镁合金基体本身耐蚀性很差,所以这些腐蚀点的存在就加速了基体的腐蚀,导致腐蚀失重量迅速增加。微弧氧化处理 8 min 得到的陶瓷层由于其本身厚度较大,对基体能够起到良好的保护作用,所以其腐蚀失重量较小。图 5 - 34B 是复合膜层的失重量随中性盐雾时间的变化曲线。微弧氧化处理 1 min 的复合膜层腐蚀失重量在盐雾实验前期变化较小,在产生腐蚀点以后,失重量快速增加,腐蚀曲线的变化趋势与陶瓷层基本一致,但是 300 h 盐雾实验后复合膜层的失重量($35 \text{ g} \cdot \text{m}^{-2}$)小于陶瓷层($58 \text{ g} \cdot \text{m}^{-2}$)。而微弧氧化处理 2 min,5 min 和 8 min 得到的复合膜层失重都在 $15 \text{ g} \cdot \text{m}^{-2}$ 以下。中性盐雾腐蚀实验结果表明,微弧氧化- SiO_2 溶胶复合处理镁合金试样耐蚀性远优于经微弧氧化处理的试样。微弧氧化陶瓷层表面存在许多微小孔洞,腐蚀介质可通过微孔到达基体,导致镁合金基体腐蚀,因此微弧氧化陶瓷层对镁合金基体的保护是有限的。微弧氧化- SiO_2 溶胶复合处理镁合金的耐腐蚀性较微弧氧化处理明显提高,其原因在于复合处理相当于对陶瓷层进行封孔处理,SiO_2 溶胶填充了陶瓷层表面的微孔,封闭了腐蚀通道,使腐蚀离子 Cl^- 不易渗入陶瓷层到达基体。同时在陶瓷层表面可以形成化学性质稳定的 SiO_2 保护膜层,隔离了镁合金微弧氧化陶瓷层与腐蚀介质的接触,起到较好的抑制作用,提高了镁合金的耐蚀性。

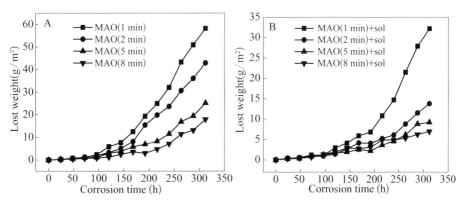

图 5 - 34   不同微弧氧化时间条件下陶瓷层和复合膜层盐雾试验腐蚀失重曲线
(A) MAO;(B) MAO+sol。

通过电化学分析和中性盐雾实验,说明随着微弧氧化时间的延长,陶瓷层和复合膜层的耐蚀性逐渐增加,复合膜层的耐蚀性受到陶瓷层厚度和表面SiO_2层共同影响。在陶瓷层厚度较小时,复合膜层整体对基体的保护性有限,腐蚀介质能够容易地渗透到微孔中腐蚀陶瓷层,进而腐蚀镁合金基体,导致复合膜层耐蚀性很差。如果陶瓷层厚度很大,根据微弧氧化处理时间为 5 min和 8 min 得到的陶瓷层和复合膜层的腐蚀电流密度对比,可以看到复合膜层相对于陶瓷层耐蚀性提高不明显,说明 SiO_2 层对陶瓷层的保护作用有限,这时候影响复合膜层耐蚀性的主要因素是陶瓷层的厚度。根据以上分析,本实验中制备耐蚀性满足实际需求同时经济性好的复合膜层时要控制陶瓷层的厚度在 10 μm 左右。陶瓷层厚度较小,复合膜层的耐蚀性很差;陶瓷层厚度过大,制备的过程中就消耗了大量的能量,但是复合膜层整体的耐蚀性提高却有限,不符合节能的要求。

4. 镁合金微弧氧化＋类金刚石碳(DLC)膜复合处理工艺及膜层性能

类金刚石膜具有抗磨损、耐腐蚀、良好的光学透过率及生物相容等性能,在机械、光学、信息、生物等领域已显示极大的开发应用前景。目前,镁合金表面制备 DLC 膜的技术手段主要为化学气相沉积和物理气相沉积。直接在镁合金表面进行 DLC 膜制备,目前还存在很大困难。一方面,由于 DLC 膜沉积过程中,决定其优异特性的 sp^3 键结构形成必须借助于能量粒子对生长表面的持续轰击,这直接导致了薄膜局部结构的致密化,使得薄膜中不可避免地积聚高残余应力。高残余应力不仅导致膜基结合力差,薄膜易剥落失效,同时也极大限制了厚膜的生长,使其应用受到极大限制。因此,如何通过纳米结构的设计,实现 DLC 膜的高残余应力降低,而不损伤其优异的力学、摩擦、耐腐蚀等特性是一挑战。另一方面,特别是对于镁合金这一化学活性高、质地软的材料,如何实现“软基体”上的高硬度 DLC 膜高质量制备是关键技术的挑战。中科院宁波所吴国松、代伟等在镁合金基体上直接沉积 DLC 膜,但发现膜基结合力弱,对镁合金的耐磨耐蚀提高贡献也甚微;为改善膜基结合力,同时降低DLC 膜的本征高应力,尝试通过引入 Cr 、CrN 等不同过渡层,以及在 DLC 膜中掺杂金属(如 Cr 和 Ti)形成纳米复合结构的 Me－DLC 膜。相关结果表明:采用过渡层的界面设计和纳米复合薄膜的复合结构,有利于降低 DLC 膜的残余应力,增加膜基结合力,大幅度改善镁合金的耐磨损性能,但过渡层与镁合金基体间存在显著电位差而导致其耐蚀性变差,而 Me－DLC 膜则由于存在针孔等微观缺陷,因此其耐腐蚀性也无改善。利用 MAO 技术在镁合金表面快速简易制备出与基体为冶金结合的 MgO 膜结构,并以此为基采用离子束复合磁控溅射技术制备 DLC 膜,获得复合膜层。此类复合膜层有望实现高硬度 DLC 膜与镁基体结合转变为与高硬度 MgO 膜结构的强界面结合,以增强镁基体对 DLC 膜的支撑强度,提高膜基结合力;同时,通过控制 MAO 能量输出参数以调控 MgO 膜结构表面多孔特征,所形成的近似织构化界面同样有助于改善 DLC 膜的耐磨损性能;此外,MgO 膜结构自身的化学稳定性以及与基体的冶金结合也有助于减缓界面电化学腐蚀,改善其抗腐蚀性能。

图 5 - 35 为 MAO/AZ80、DLC/MAO/AZ80、DLC/Ti/MAO/AZ80 及 DLC/Ti/AZ80 不同膜基体系的表面 SEM 形貌。由图可知,镁合金微弧氧化陶瓷层表面呈典型的微孔叠加多孔结构特征,且微孔孔径均小于 1 m(图 5 - 35A);微弧氧化多孔膜结构表面沉积 DLC 膜,DLC 薄膜的微结构仍具有颗粒特征,陶瓷层原有微孔已被 DLC 膜完全或部分封闭,"裸露"微孔的最大孔径小于 500 nm(图 5 - 35B);DLC/Ti/MAO/AZ80 膜基体系表面颗粒特征趋势显著,"裸露"的微孔孔径进一步减小(图 5 - 35C);DLC/Ti/AZ80 膜基体系中 DLC 膜平整光滑,颗粒均匀分布,尺寸在几百纳米(图 5 - 35D)。

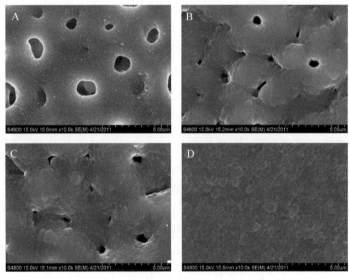

图 5 - 35 不同膜基体系的表面 SEM 形貌

(A) MAO/AZ80;(B) DLC/MAO/AZ80;(C) DLC/Ti/MAO/AZ80;(D) DLC/Ti/AZ80。

图 5－36 为四种膜基体系的表面粗糙度。结合图中各膜基体系的 SEM 形貌分析可以得出：MgO 多孔膜结构作为 DLC 膜的过渡层，由于陶瓷层生长过程中击穿放电所产生的微孔孔径在微米级，孔深大小不一，DLC 膜沉积并不能完全覆盖陶瓷层的原有微孔，且 DLC 膜表面固有的颗粒特征导致 MAO/AZ80、DLC/MAO/AZ80 与 DLC/Ti/MAO/AZ80 三种膜基体系的粗糙度值较大，均在 300 nm 左右，DLC/Ti/AZ80 膜基体系表面致密、颗粒均匀而使其粗糙度值显著减小，仅为 23.7 nm。

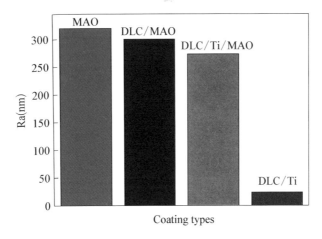

图 5－36　不同膜基体系的表面粗糙度

采用划痕仪测定 MAO/AZ80、DLC/MAO/AZ80、DLC/Ti/MAO/AZ80 以及 DLC/Ti/AZ80 四种膜基体系的临界载荷，如图 5－37 所示。从图中可以看出，在 AZ80 镁合金表面原位生长 MAO 层，虽然其表面均分布有大量微孔，其膜层完全剥离基体的临界载荷值 Lc3 仍为 7.44N；DLC/MAO/AZ80 和 DLC/Ti/MAO/AZ80 膜基体系所对应的 Lc3 分别为 6.63N 和 7.68N，相对直接在镁基体表面制备 DLC 膜有了大幅度提高，较传统的 DLC/Ti/AZ80 膜基体系 Lc3(5.48N)同样有所提高。可见，采用 MAO 层作为 DLC 膜的过渡层，简易实现了硬质 DLC 膜在镁基体表面的高质量制备。究其原因：以 MAO 层作为 DLC 膜的过渡层，增加了镁基体对 DLC 膜的支撑强度，MAO 层表面微孔有利于 DLC 膜的嵌入，同时 MAO 层与镁基体间的冶金结合也可保证过渡层与基体的结合力。

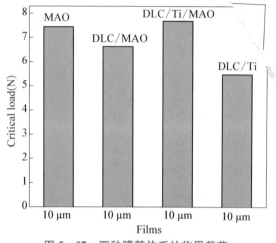

图 5‑37　四种膜基体系的临界载荷

图 5‑38 给出了摩擦系数随磨损距离变化的关系曲线。MAO/AZ80 膜基体系的摩擦系数较高,约为 0.5,摩擦系数持续存在细微的波动;DLC/MAO/AZ80 与 DLC/Ti/MAO/AZ80 膜基体系的摩擦系数较 MAO/AZ80 显著降低,平均分别约为 0.23 和 0.18,但仍存在较为明显的波动,这与此类膜基体系表面仍存在部分未完全封闭的微孔、DLC 膜表面存在颗粒特征及其润滑特性关系密切;DLC/Ti/AZ80 膜基体系下的摩擦系数随磨损距离变化呈明显的递减趋势,且在磨损距离约为 35 m 后趋于稳定,其摩擦系数平均值约为 0.22,整个过程中摩擦系数的波动很小。

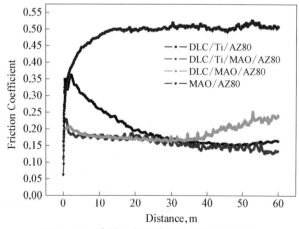

图 5‑38　摩擦系数随磨损距离变化的曲线

图 5 - 39 为不同膜基体系磨痕表面的 OM 轮廓形貌。由图可知，MAO/AZ80 膜基体系经 60 m 磨损后，磨痕宽度约为 228.76 μm，MgO 多孔膜已磨穿而裸露出镁基体，而 DLC/MAO/AZ80 与 DLC/Ti/MAO/AZ80 膜基体系的磨痕宽度分别约为 157.72 μm 和 113.21 μm，耐磨性相对于 MAO/AZ80 膜基体系显著改善；DLC/Ti/AZ80 膜基体系表面平整光滑，磨损过程中平均摩擦系数较小且波动很小，其磨痕宽度为 116.17 μm，与 DLC/Ti/MAO/AZ80 膜基体系相当。可见，以 MgO 多孔膜结构作为 DLC 膜的过渡层，其耐磨性可接近传统以 Ti 作为过渡层制备 DLC 膜。

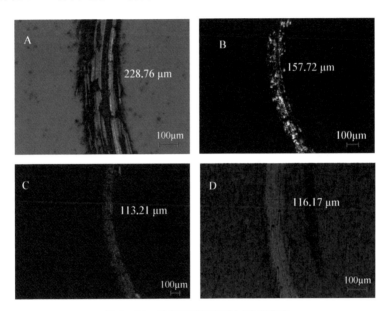

图 5 - 39 摩擦磨损表面的 OM 形貌

(A) MAO/AZ80；(B) DLC/MAO/AZ80；(C) DLC/Ti/MAO/AZ80；(D) DLC/Ti/AZ80。

图 5 - 40 给出了磨痕表面的 SEM 形貌。可以看出，MAO/AZ80 膜基体系磨损剧烈，呈现明显的犁沟(图 5 - 40A)，磨损过程中 MAO 多孔膜表面存在大量 Fe 转移层，其表面沉积 DLC 膜或 DLC/Ti 膜后，磨痕仅呈现轻微的磨损，膜基体系中"裸露"的大量 C 对磨损界面具有很好的润滑作用，磨损过程中产生的磨屑可填充未完全封闭的微孔(图 5 - 40B，C)，既减小了磨粒磨损的趋势，又降低了膜基体系的表面粗糙度，使其耐磨性显著改善；DLC/Ti/AZ80 膜基体系在磨损过程中产生的大量磨屑(主要含 C、O 及 Fe)分散在膜层表面，尤

其是 Fe 含量显著增加(表 5 - 3),这可能是造成其摩擦系数较 DLC/Ti/MAO/
AZ80 膜基体系高、磨痕宽度与其相当的内在原因。

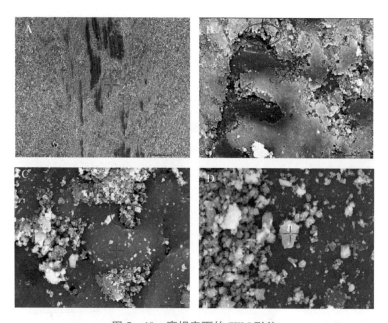

图 5 - 40　磨损表面的 SEM 形貌

(A) MAO/AZ80;(B) DLC/MAO/AZ80;(C) DLC/Ti/MAO/AZ80;(D) DLC/Ti/AZ80。

表 5 - 3　四种膜层表面磨痕处的原子百分比

Element(At%)　Film-substrate	C	O	Fe	Si	Al	Mg	Ti
MAO/AZ80		57.15	35.98	1.83	0.83	4.20	
DLC/MAO/AZ80	87.73	5.57	0.26	1.36	0.41	4.68	
DLC/Ti/MAO/AZ80	92.45	1.56	0.08	0.53	0.13	1.42	3.83
DLC/Ti/AZ80	75.87	16.19	6.16	0.03	0.14	0.67	0.94

图 5 - 41 为四种膜基体系在 3.5% 氯化钠溶液中的极化曲线,对其拟合所
得腐蚀电位与腐蚀电流密度如表 5 - 4 所示。可见,较传统的 DLC/Ti/AZ80
膜基体系,MgO 多孔膜可提高 AZ80 镁合金的腐蚀电位,其表面沉积 DLC 膜
或 DLC/Ti 膜可进一步增加镁基体的腐蚀电位,即表明 MAO/AZ80,DLC/
MAO/AZ80,DLC/Ti/MAO/AZ80 膜基体系的腐蚀趋势弱于 DLC/Ti/

AZ80；进一步对比腐蚀电流密度可知，DLC/Ti/AZ80 膜基体系的腐蚀电流密度最大，耐蚀性最差，其原因在于腐蚀介质可通过 DLC 膜表面存在的缺陷进入镁基体与 Ti 金属过渡层界面，两者由于存在明显的电位差而发生电偶腐蚀，其与 Ikeyama Masami 等人的研究结果相吻合；由于微弧氧化 MgO 多孔膜结构与镁基体冶金结合及其产生的极化阻力使得 MAO/AZ80、DLC/MAO/AZ80 及 DLC/Ti/MAO/AZ80 膜基体系的腐蚀均优于 DLC/Ti/AZ80，尤其是 DLC/MAO/AZ80 膜基体系依赖于 DLC 膜的化学惰性以及 MgO 多孔膜的优异特性，具有最好的耐蚀性，腐蚀电流密度较 DLC/Ti/AZ80 提高了 3 个数量级。由此表明我们通过将工艺简单的微弧氧化技术与离子束复合磁控溅射技术复合，实现了镁基表面具有优异抗腐耐磨特性复合防护涂层的简单环保制备。

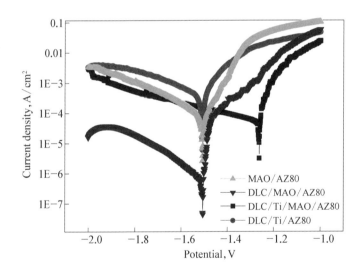

图 5‑41 四种膜基体系的极化曲线

表 5‑4 四种膜基体系的腐蚀电位与腐蚀电流

Films-substrate systems	Corrosion potential/V	Corrosion current density/(A/cm^2)
MAO/AZ80	−1.504	$2.686×10^{-5}$
DLC/MAO/AZ80	−1.491	$1.987×10^{-7}$
DLC/Ti/MAO/AZ80	−1.282	$1.937×10^{-5}$
DLC/Ti/AZ80	−1.534	$1.518×10^{-4}$

由于 Ti 是碳化物形成元素，具有许多优异的性能，如耐高温、抗磨损等，还与 N 有较强的亲和力，极易形成稳定态的氮化钛结构，该结构一般具有超高的硬度和抗氧化性，其本身具有润滑性，同时形成的纳米复合相又可避免所设计薄膜与镁基体间发生电偶腐蚀，因此，在 DLC 薄膜中同时掺杂 Ti 与 N 有望在 DLC 非晶基体上获得包含氮化钛结构的复合材料，这不仅有助于改善 DLC 膜性能，还可能在降低薄膜内应力的同时使其保持高的硬度与热稳定性。因此，在 DLC/MAO 膜成功制备的基础上，采用具有离化率高、无热丝、长时间等离子运行稳定的线性离子束在制备高硬度本征碳膜方面的优势，结合脉冲磁控溅射方法易于调控掺杂金属元素和能量的特点，以 C_2H_2 和 N_2 为离子源气体，Ti 为溅射靶材，实现 DLC 膜中 Ti 和 N 元素的共掺杂，所形成纳米复合结构同样有助于改善(Ti：N)-DLC 膜层的耐磨损性能与抗腐蚀性能，有望实现此类复合膜层性能的进一步改善。

XPS 用来分析(Ti：N)-DLC 薄膜中 Ti 和 N 元素的化学存在形式，为了避免受表面污染的影响，XPS 实验中用氩离子枪对样品表面做了轻微的刻蚀。图 5-42A 是 N1s 的高分辨谱，通过对原始谱峰进行解谱，拟合得到 3 个峰，分别是峰位为 396.6 eV 的 TiN、398.3 eV 的—N＝以及 400.4 eV 的 C—N 键；图 5-42B 是 Ti2p 的高分辨谱，通过对原始谱峰进行解谱，可以得到 Ti2p$_{3/2}$ 和 Ti2p$_{1/2}$ 两个峰形，拟合得到 Ti2p$_{3/2}$ 在 455.481 eV 峰位的 TiN 和 457.581 eV 峰位的 TiO$_2$，Ti2p$_{1/2}$ 在 461.20 峰位的 TiN 和 463.46 eV 峰位的 TiO$_2$。据此可以初步判断采用设计的沉积工艺，获得了包含 TiN 的(Ti：N)-DLC 纳米复合膜层。

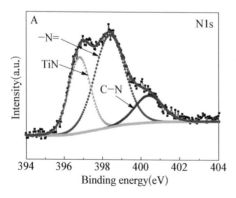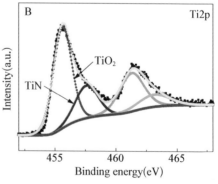

图 5-42 (Ti：N)-DLC 膜的 XPS 图谱

(A) N1s 高分辨谱；(B) Ti2p 高分辨谱。

利用透射电镜进一步对薄膜微结构分析。图5-43A和B分别是(Ti：N)-DLC纳米复合膜层的TEM图像和选区电子衍射图(SAED)。从图中不难看出，薄膜均匀致密，与纯DLC类似，没有发现有明显的"颗粒"或"晶纹"存在。对应的SAED图呈现晶体衍射环，经确定为晶面间距分别为0.213 nm(200)和0.149 nm(220)的面心立方TiN晶体结构。

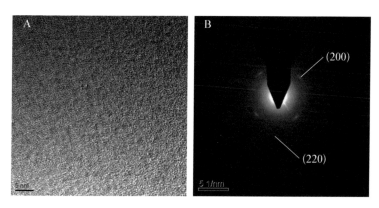

图5-43 (Ti：N)-DLC膜

(A) TEM形貌；(B) SAED。

结合XPS和TEM结构分析表明，Ti和N共掺杂到DLC膜中所形成的(Ti：N)-DLC纳米复合膜层中包含有TiN晶相结构，从而证明了通过离子束复合磁控溅射技术，获得了实验预期的设想，为实现对镁基体性能的进一步改善奠定了实验基础。

图5-44为MAO/AZ80、DLC/MAO/AZ80、Ti-DLC/MAO/AZ80及(Ti：N)-DLC/MAO/AZ80不同膜基体系的表面SEM形貌。由图可知，镁合金微弧氧化陶瓷层表面平整，均布着孔径大小不一的微孔(图5-44A)，其形成过程与陶瓷层的生长机理密切相关，其生长过程依赖于对原有膜层的高能量击穿，从而形成的放电微孔；微弧氧化多孔膜结构表面沉积DLC、Ti-DLC和(Ti：N)-DLC膜，其微结构具有颗粒特征，陶瓷层表面微孔数量和孔径均减少，体现出沉积各膜层对微弧氧化陶瓷层的封孔作用(图5-44B～D)，该形貌特征对改善镁合金的各项性能具有积极意义。

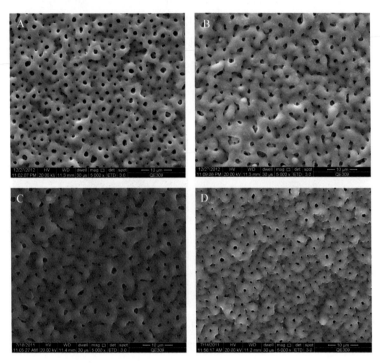

图 5‑44　四种膜层的表面形貌

（A）MAO；（B）DLC/MAO；（C）Ti‑DLC/MAO；（D）（Ti：N）‑DLC/MAO。

采用划痕仪测定 MAO/AZ80、DLC/MAO/AZ80、Ti‑DLC/MAO/AZ80 及（Ti：N）‑DLC/MAO/AZ80 不同膜基体系的临界载荷，如图 5‑45 所示。从图中可以看出，在 AZ80 镁合金表面原位生长 MAO 层，虽然其表面均布有大量微孔，其膜层完全剥离基体的临界载荷值 Lc3 仍为 7.44N；DLC/MAO/AZ80、Ti‑DLC/MAO/AZ80 膜基体系所对应的 Lc3 较 MAO/AZ80 有所降低，分别为 6.63N 和 7.17N，但相对于直接在镁基体表面制备 DLC 膜有了大幅度提高，简易实现了硬质 DLC 膜在"软"镁基体表面的高质量制备；（Ti：N）‑DLC/MAO/AZ80 膜基体系具有最大的 Lc3（8.24N），通过 Ti 和 N 共掺杂实现了复合膜层膜基结合力的提高。可见，相比于直接在镁基体表面制备 DLC 膜，DLC/MAO/AZ80、Ti‑DLC/MAO/AZ80 及（Ti：N）‑DLC/MAO/AZ80 具有较高结合力主要有以下两个方面的原因：首先以 MAO 层作为 DLC 膜的过渡层，增加了镁基体对 DLC 膜的支撑强度，MAO 层表面微孔有利于 DLC

膜的嵌入,同时 MAO 层与镁基体间的冶金结合也可保证过渡层与基体的结合力;其次,Ti 和 N 的掺杂有利于降低 DLC 膜的残余应力,可改善薄膜与镁基体间的界面结合,从而增强了膜基体系的结合力。

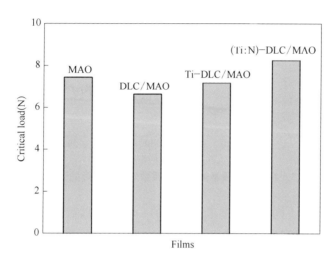

图 5-45　四种膜基体系的临界载荷

图 5-46 为四种膜基体系摩擦系数随磨损距离变化的关系曲线。由图可知,在整个摩擦磨损过程中(Ti:N)- DLC/MAO/AZ80 膜基体系具有最小的摩擦系数(小于 0.1),且整个过程中摩擦系数波动很小,表现出优异的摩擦学行为特征;Ti - DLC/MAO/AZ80 膜基体系的摩擦系数同样较小(小于 0.15),但在磨损后期,摩擦系数出现较大波动;DLC/MAO/AZ80 膜基体系的摩擦系数在 0.2 左右,三种膜基体系的摩擦系数较 MAO/AZ80 均显著降低。前期实验研究发现:DLC 膜的低摩擦系数取决于摩擦接触过程中温度升高产生的石墨化。由 Raman 分析可知,表层(Ti:N)- DLC 的石墨化趋势更加明显,在摩擦过程中有助于发挥其优异的润滑减摩的作用,大幅度抑制摩擦界面处氧化反应的发生,同时,(Ti:N)- DLC/MAO 复合膜层的结合力相对于 DLC/MAO 和 Ti - DLC/MAO 复合膜层均有了一定提高,这对膜基体系的摩擦性能改善同样有利,从而表现出最小摩擦系数。

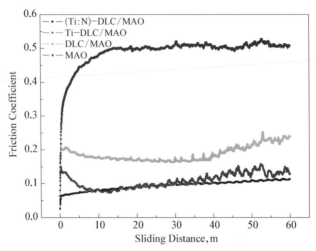

图 5-46   四种膜基体系摩擦系数随磨损距离的变化曲线

图 5-47 为不同膜基体系磨痕表面的 OM 轮廓形貌。由图可知,MAO 多孔膜已磨穿而裸露出镁基体,磨痕宽度约为 228.76 μm,DLC/MAO/AZ80、Ti-DLC/MAO/AZ80 与(Ti∶N)-DLC/MAO/AZ80 膜基体系的磨痕宽度分别约为 157.72 μm、173.16 μm 以及 125.64 μm,且整个磨损过程中三种复合膜层对镁基体仍具有保护作用,耐磨性相对于 MAO/AZ80 膜基体系显著改善。结合磨损过程中摩擦系数随磨损距离的变化关系曲线,所制备的(Ti∶N)-DLC/MAO 具有最为优异的摩擦学性能。4 种膜基体系在磨痕处的能谱分析如表 5-5所示。可见,MAO 层由于表面多孔而在界面处发生了较为剧烈的氧化反应,其 O 含量最高,同时在磨痕处发现了来自对磨球的 Fe,表面摩擦副之间作用剧烈;三种复合膜层表面磨痕处存在大量的 C,在摩擦过程中起到了很好的润滑作用,有效抑制了高温氧化反应的发生,尤其是(Ti∶N)-DLC/MAO/AZ80 膜基体系在磨痕处 O 含量仅为 4.43%,表现出优异的润滑减摩作用。

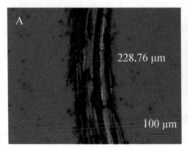
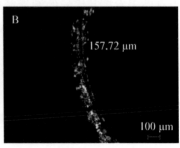

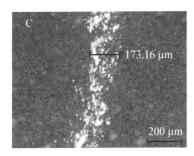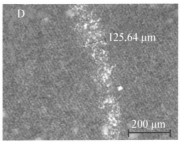

图 5 - 47　四种膜基体系在磨痕处的 OM 图片

(A) MAO；(B) DLC/MAO；(C) Ti - DLC/MAO；(D)（Ti：N）- DLC/MAO。

表 5 - 5　四种膜基体系磨痕处的 EDS 分析结果

Sample	C	O	Fe	Ti	Si	Mg	Al
MAO/AZ80		57.15	35.98		1.83	4.20	0.83
DLC/MAO/AZ80	87.73	5.57	0.26		1.36	4.68	0.41
Ti - DLC/MAO/AZ80	80.20	11.40	1.70		1.53	3.60	1.57
（Ti：N）- DLC/MAO/AZ80	84.15	4.43	0.58	3.18	1.91	3.31	2.44

　　制备（Ti：N）- DLC/MAO 复合膜层的目的是进一步改善镁基体的抗腐蚀耐磨性能，传统采用 Ti 掺杂制备 DLC 膜，掺杂组元与镁基体间存在的电位差导致耐蚀性变差，本章采用 Ti 和 N 共掺杂，正是为了克服这一难题，实现在 DLC 膜中获得 TiN 晶相结构的纳米复合膜层，最终实现其抗腐蚀性能的大幅度改善。图 5 - 48 为四种膜基体系在 3.5％氯化钠溶液中的极化曲线，对其拟合所得腐蚀电位与腐蚀电流密度如表 5 - 6 所示。可见，相对于镁合金基体，MAO 层虽然表面存在大量盲性微孔，但形成的 MgO 结构对腐蚀介质仍具有一定的阻挡作用，腐蚀电流密度相对于镁基体降低了 1 个数量级；相对于 MAO 单层的腐蚀防护效果，DLC/MAO 和（Ti：N）- DLC/MAO 复合膜层的耐蚀性显著提高，尤其是（Ti：N）- DLC/MAO 复合膜层的腐蚀电流密度相对于 MAO 层降低了 3 个数量级，且腐蚀电位也相应有了较大幅度提高，即复合膜层的腐蚀趋势明显弱于 MAO 层。究其原因，复合膜层耐蚀性依赖于表层 DLC 膜的化学惰性以及其与基体的膜基结合力。由前面分析可知，Ti 和 N 的共掺杂在增加膜基体系结合力的同时，DLC 膜层中形成的 TiN 晶相结构也

可有效避免发生电偶腐蚀，从而表现出最为优异的抗腐蚀性能。

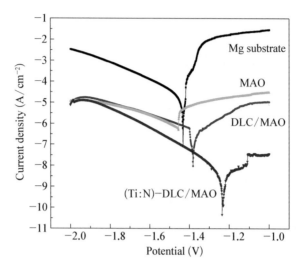

图 5 - 48　四种膜基体系的极化曲线

表 5 - 6　四种膜基体系的腐蚀电流密度与腐蚀电位

Films	Corrosion current density (A/cm²)	Corrosion potential (V)
Mg substrate	5.159×10^{-5}	-1.432
MAO/AZ80	2.002×10^{-6}	-1.458
DLC/MAO/AZ80	2.135×10^{-7}	-1.287
(Ti：N)- DLC/MAO/AZ80	5.508×10^{-9}	-1.251

　　4 种膜基体系经电化学腐蚀实验后的表面形貌如图 5 - 49 所示。镁基体经腐蚀后，试样表面残留堆积大量的腐蚀产物，且在局部形成了腐蚀微裂纹；MAO 层表面分布大量微孔，在陶瓷层表面局部形成了腐蚀坑，其原因在于腐蚀介质可通过微孔进入膜基界面；DLC/MAO 对镁基体的保护作用明显增强，整个膜层在腐蚀过程中并未完全破坏，但由于 DLC 膜表面仍存在局部微孔缺陷，使得其表面仍可观察到较为明显的腐蚀区域；(Ti：N)- DLC/MAO 复合膜层经腐蚀后表面形貌与腐蚀前相比，几乎没有差异，表现出最为优异的抗腐蚀性能，这与腐蚀电流密度相对应。

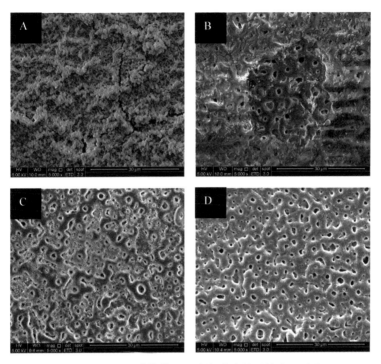

图 5‑49　四种膜基体系经电化学腐蚀后的表面形貌
(A) MAO;(B) DLC/MAO;(C) Ti‑DLC/MAO;(D)（Ti∶N）‑DLC/MAO。

综上,（Ti∶N）‑DLC/MAO 复合膜层借助于表层（Ti∶N）‑DLC 膜的独特结构以及 MAO 层作为过渡层以增加 DLC 膜与镁基体的结合状态,表现出优异的性能,为镁合金表面改性技术的完善提供了新思路,也为进一步扩展镁合金的应用空间提供了实验支持。

5.3.2　铝合金微弧氧化防护处理工艺及膜层性能

未来我国铝合金工业市场需求潜力巨大。由于我国正处在工业化的中期阶段,目前铝合金型材主要消费领域为建筑行业,工业铝合金型材消费占全部铝合金型材消费比例远远低于发达国家。随着中国工业化进程的推进,交通、电子、军工等行业对于铝合金型材需求必定呈上升的趋势,在铝合金型材的消费结构中,工业铝合金型材消费的比例必定会不断上升。目前,汽车工业已成为中国的支柱产业,中国汽车工业已进入快车道,并已成世界汽车生产大国和世界上极有潜力的消费市场。轻量化是汽车工业节能减排的重要手段,而轻量化必然导致铝合金在汽车上的大量应用,如图 5-50。

图 5-50 汽车铝合金部件

21 世纪被称为海洋的世纪,国际竞争已从陆地转向海洋,海洋已成为国家竞争和对抗重要战场。近十年海洋 GDP 比重迅速蹿升,2011 年超过 4 万亿元,占国内 GDP 的 10%,年增幅 10%,我国在 2008 年制定了《国家海洋事业发展规划纲要》,其核心内容为确保海疆安全、利用海洋资源和发展海洋经济。发展海洋经济,必先开发与完善海洋装备,这同样对国防具有重要意义,而海洋环境下多种零部件均为铝合金制品,其自身虽具有较好的抗大气腐蚀的能力,但要满足武器装备轻量化遇到的抗海水腐蚀,需进行适当的表面处理,如图 5-51。

图 5-51 海洋环境中相关铝合金部件

铝合金样品放入电解液中,通电后表面首先立即形成一层 Al_2O_3 绝缘膜,并在陶瓷膜两侧重新形成新的电场,微弧氧化层与基体的结合界面为电场的阳极,与溶液的接触界面为准阴极。随着外加电压的不断加大,绝缘膜两侧的电场不断增强。当电场强度超过某一临界值时,氧化膜的薄弱部位就会首先被击穿,发生火花放电,就会在试样表面观察到很多游动的白色弧点(如图

5-52所示),由于微弧氧化是一个复杂的过程,在微弧氧化的过程中,化学氧化、电化学氧化、等离子体氧化并存,比阳极氧化复杂得多,因此,产生驱动力的因素除了主要的电场外,还包括磁场、化学反应、温度梯度等。同时在微弧氧化反应的过程中,任何一种热力学量的梯度也产生物质输送的驱动力。当然,除了物质传输,还有电荷和热量的传输。由于脉冲的作用,每个弧光点的存在时间极其短暂,且其瞬间温度

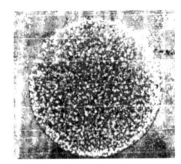

图 5-52　样品表面微弧照片

超过 8 000 K,瞬间的高温为不同 Al_2O_3 晶相的转化提供了条件。

　　由于微弧氧化本身是一个非常复杂的过程,在内部的熔融氧化和冷凝过程中产生的气体必须有相应的溢出通道,但如果作用在微弧氧化陶瓷层中能量越大,气体溢出时就对表面的影响越大,表层微孔也越大,同时截面易出现疏松层。通过调控工艺参数,实现截面致密,无疏松层,表面微孔较小,随着氧化的继续进行,微孔就很容易完全愈合,形成了非常致密的陶瓷层,如图 5-53。

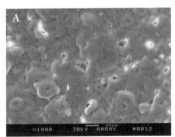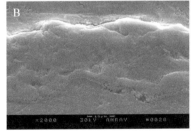

图 5-53　铝合金微弧氧化陶瓷层的表面(A)与截面形貌(B)

　　如图 5-54 为 LY12 铝合金经微弧氧化处理后的 X 射线衍射图谱,氧化层的厚度为 $65\mu m$。按衍射强度计算在微弧氧化陶瓷层中含有 15% 左右的铝,20% 左右的 α-Al_2O_3,40% 左右的 γ-Al_2O_3,其余为无定形相。但有资料已经证明,基体铝的衍射峰在膜厚 $50\mu m$ 时较强,$100\mu m$ 时已很弱,大于 $150\mu m$ 时则探测不出,脱膜后膜的 XRD 谱证明膜中基本不存在铝。图 5-55 中 A,B 为表面陶瓷层和靠近基体处陶瓷层的相结构衍射图谱,外表层中无定形相含量高于 70%,其余依次为 γ-Al_2O_3 相的含量为 20% 左右和 α-Al_2O_3 的

含量为 5% 左右；而陶瓷层与基体界面附近无定形相含量接近 50%，其余依次为 $\alpha\text{-}Al_2O_3$ 相含量为 30% 左右和 $\gamma\text{-}Al_2O_3$ 相的含量为 20% 左右。

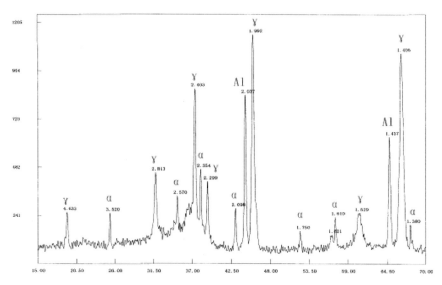

图 5-54 铝合金微弧氧化陶瓷层 X 射线衍射图谱

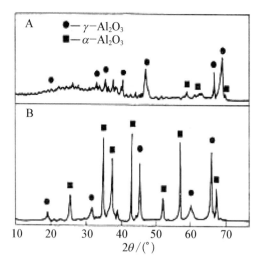

图 5-55 微弧氧化陶瓷层不同部位的 XRD 分析

（A）陶瓷层表面；（B）靠近陶瓷层与基体的结合界面。

陶瓷层的这种含量对其性能有极大影响,其中 α-Al_2O_3 的生成可极大提高硬度,而 γ-Al_2O_3 和无定形相允许陶瓷层有一定的变形量。因此微弧氧化陶瓷膜大大提高了其综合性能。从微弧氧化陶瓷层的物相分析还可看出,陶瓷层中以铝合金的氧化物为主,溶液中的酸根离子元素的含量很低,这也反映了微弧氧化陶瓷层的生长是以铝、氧的结合氧化进行的,不同的溶液种类只是对溶液的物理、化学性质有一定的影响,从而对微弧氧化过程产生影响,而其本身并不参与微弧氧化陶瓷层的增厚过程。

要满足武器装备轻量化遇到的抗海水腐蚀,发动机系统关键部件的抗高温热蚀及量大面广的耐磨要求,则仍需进行适当的表面处理。图 5-56 为铝合金微弧氧化处理与电镀硬铬及镶嵌耐磨铸铁的磨损实验结果。结果表明:经过十余小时的跑合磨损后,微弧氧化陶瓷层的磨损失重几乎不随时间延长而增加;电镀硬铬在约 20 小时的跑合磨损后,磨损量随时间的延长而迅速增加;磷钒铜铸铁在跑合磨损期内即表现出较大的磨损失重,在实验时间内其磨损总量约为微弧氧化陶瓷层的 5 倍。即经微弧氧化处理的铝合金样品具有优于电镀硬铬和磷钒铜铸铁的耐磨性能。

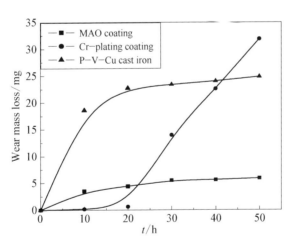

图 5-56　微弧氧化陶瓷层、镀铬涂层和磷钒铜铸铁磨损曲线

海军舰船研究院委托工厂就多种铝合金防腐处理工艺进行的对比实验结果表明,只有微弧氧化处理的样品在不使用任何封孔处理的条件下经 1 000 小时盐雾实验无明显腐蚀,满足了海水使用环境的防腐性能要求。微弧氧化处理技术已被海军装备部列入某艇防腐处理验收大纲。

天然气汽车在改善环境污染、降低运输成本等方面表现出极强的竞争力，东风汽车有限公司工艺研究所采用台架试验方法考核了微弧氧化处理对天然气发动机铝合金活塞表面抗热蚀效果的影响。试验结果表明，未经处理的活塞在台架试验进行到 380 小时拆检发现 1、6 缸铝合金活塞出现部分失效，其主要失效形式为点蚀，如图 5 – 57 所示。对失效的铝合金活塞进行更换后继续进行台架试验，当试验进行到 500 小时，在第 2 缸铝合金活塞发生严重失效，造成"烧顶"现象，第 2 缸的活塞顶部已残缺不全，如图 5 – 58 左侧活塞。而经微弧氧化（MAO）处理后的铝合金活塞的发动机在 1 000 小时的台架试验中未发生活塞失效，拆检发现活塞表面处理层良好，无点蚀、无剥落，如图 5 – 58 右侧活塞。微弧氧化处理已被写入东风汽车公司天然气汽车的设计图纸。

图 5 – 57   未经处理的铝合金活塞出现失效

图 5 – 58   天然气发动机烧顶活塞与未失效活塞

腐蚀是飞机的一种主要损伤形式，世界上每年因腐蚀而造成的损失和灾难事故有增加的趋势。位于沿海机场的飞机终年飞行、停放于环境相对恶劣的海洋大气甚至处在海洋飞溅带，长期处在高湿度、高温、高盐分的大气中，个别机场相对湿度在 80% 以上，海水、潮湿的海洋大气对飞机结构件，特别是对构成飞机主要结构的铝合金件造成严重影响。多年来沿海机场飞机的蒙皮、大梁、桁条等结构件产生了严重的腐蚀损伤，不但影响飞机的使用寿命，同时对飞机的飞行安全造成诸多隐患，甚至严重影响飞行任务的完成。为保障飞机的完好率，有关机构每年投入相当数量的人力、物力与财力，但仍难以满足不可预见的严重腐蚀损伤的修复。因此，研究飞机结构件的腐蚀特点与机理，对合理有效地阻止腐蚀产生有着重要的现实意义。我国很多现役飞机在海洋环境下遇到了严重的腐蚀问题，研发耐蚀材料和防腐新方法是关键技术之一。我国发展的舰载机原型机所用的铝合金一般占飞机机体用材的60%以上，其中大量为耐蚀性较差的LY12合金。用耐蚀性铝合金替代易腐蚀的LY12部件，如5083铝合金，可明显提高机体的耐蚀能力，研究其表面改性技术对加快铝合金在海洋环境中的应用与推广、保证零部件的可靠性方面具有积极意义。

根据多年的飞机铝合金结构件腐蚀损伤统计结果，飞机结构件腐蚀通常发生于如下典型部位：螺钉和铆钉周围、缝隙部位、不同金属材料接触部位、复杂传力部位、积水部位、下开口形盒体结构内部；动部件受气体冲刷的部位如螺旋桨叶前缘、压气机叶片等。

水上飞机的机体及其附体由于长期在海洋大气和海水环境中遭受腐蚀，涂层发生失效后包铝层由于海洋环境侵蚀造成破损。图5-59至5-62为苏联产水上飞机的机身、浮筒、铆接部位等的腐蚀形态。可以看出有的部位涂料破损露出基体，表面有白色锈蚀，局部基体已腐蚀开裂，部分表面涂层看似完好，但已与基体剥离，揭开涂层后内部积满白色的结晶盐等腐蚀产物。

图5-59　机体涂层下铝合金腐蚀　　图5-60　空气浮筒角部涂层下铝合金腐蚀

图 5-61 机体涂层下铝合金腐蚀破损

图 5-62 机体严重腐蚀破损貌

　　海洋环境下服役的、具有优异性能的 5083 铝合金材料大部分时间遭受潮湿海洋的大气腐蚀,有必要对以上结构材料的耐海洋大气腐蚀性能进行研究。盐雾加速实验可以模拟严酷的海洋大气腐蚀环境,用于快速评价以上各种结构材料以及表面膜在海洋大气环境中的耐蚀性。盐雾实验介质采用 5‰NaCl 溶液,实验温度 35℃,实验周期 720 小时,实验设备为 VSC/KWT1000 盐雾试验箱。

　　5083 铝合金经微弧氧化处理前后在盐雾腐蚀 40 天后的腐蚀形貌如图 5-63 和 5-64。

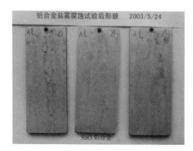

图 5-63 5083 铝合金

图 5-64 微弧氧化 5083 铝合金

图 5-65 微弧氧化铝合金海水全浸腐蚀宏观表面形貌

(A) 未损坏;(B) 局部损坏。

从盐雾腐蚀形貌看,5083 铝合金在盐雾(海洋大气)腐蚀环境中具有较好的耐蚀能力,表面微弧氧化后耐蚀性有较大幅度提高,陶瓷层的孔隙使腐蚀介质到达基体并使其产生腐蚀,陶瓷层破损处基体有腐蚀;微弧氧化铝合金经 30天的海水全浸腐蚀形貌如图 5-65A 所示,5083 铝合金表面有较少白色细小颗粒状产物,局部侧边有白色产物堆积,陶瓷层表面基本完好;局部破损的微弧氧化铝合金经 30 天的海水全浸腐蚀形貌如图 5-65B 所示,5083 铝合金表面附着少量白色细小颗粒状产物,有几处白色产物堆积,划痕处有白锈,略有金属光泽,原未破坏膜表面基本完好。由海水全浸腐蚀宏观表面形貌可知:5083 铝合金在海水中的耐蚀性较好,基本未发生明显的局部腐蚀,微弧氧化使不同类型铝合金的耐蚀性有所提高,腐蚀主要表现为深孔腐蚀,白色腐蚀产物不均匀地分布于陶瓷层表面;局部破损微弧氧化铝合金相对于完好微弧氧化陶瓷层,腐蚀现象更加明显,其原因在于,划伤陶瓷层减弱了对基体的保护作用,腐蚀氯离子更易到达基体,形成缝隙腐蚀、氧浓差腐蚀等,反而加重了对基体的腐蚀,在应用中应采取措施避免微弧氧化陶瓷层的破损现象发生。5083 铝合金的腐蚀形态未发现明显的局部腐蚀,基本为均匀腐蚀,微弧氧化处理后 5083铝合金的耐蚀性得到较大的提高,由于微弧氧化膜存在一定的孔隙和缺陷,仍有一定的腐蚀发生,微弧氧化表面局部破损后基体未出现明显的局部腐蚀。

5.3.3 钛合金微弧氧化防护处理工艺及膜层性能

在航空、航天及兵器等国防工业中,为了达到轻量高效、提高速度及增大射程等目的,大量采用质轻(密度 4.7 g/cm^{-3})的高比强钛合金来代替质重(密度 $7.8 \text{ g} \cdot \text{cm}^{-3}$)的高强钢来制造各种关键性零部件。虽然钛合金经热处理后抗拉强度能够与高强钢相媲美(达 $900 \sim 1\,000$ MPa),但硬度较低(HV350$\sim$400),约为高强钢(HV500$\sim$600)的 2/3,并且摩擦系数较大(0.5$\sim$0.7),因而耐磨损性能差,严重限制了钛合金应用的扩大。钛合金耐磨损性能差主要是因为:① 钛合金具有低的塑性剪切抗力和加工硬化性能,不足以抵抗由机械作用所引起的摩擦磨损现象,如粘着、磨粒磨损等;② 表面氧化膜 TiO_2 易于剥落,对亚表层起不到良好的保护作用。源于大气中的溶解氧易于脆化基体,降低材料的力学性能。另外,钛合金在强腐蚀性活性介质中抗腐蚀性能差,特别是与其他金属对偶使用时容易使其他金属产生电流腐蚀。

　　钛合金的微动损伤已成为大量关键零部件的主要祸患之一。微动是发生于接触表面之间振幅极小的往复运动,各种压配合或收缩配合构件在交变应力或环境振动作用下会产生微动损伤(微动磨损、微动疲劳与微动腐蚀)。采用 $Na_2SiO_3+(NaPO_3)_6$ 系电解液 Si-P 及 Si-P-Al 微弧氧化涂层的形貌示于图 5-66。可见,Si-P-Al 涂层要比 Si-P 涂层致密,但表面存在少量的微裂纹,如图 5-66B 箭头所示。

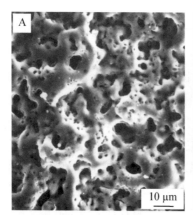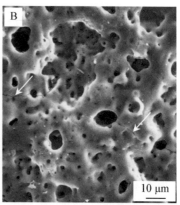

图 5-66　Si-P 溶液中加入 $NaAlO_2$ 对涂层表面形貌的影响

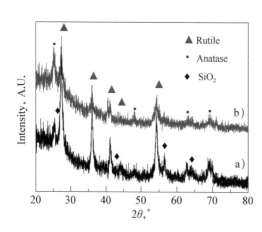

图 5-67　Si-P-Al 微弧氧化涂层磨削前后 XRD 比较分析

　　Si-P-Al 微弧氧化涂层研磨前后表面的 XRD 分析结果示于图 5-67。可见,涂层主要由 TiO_2(锐钛矿相及金红石相)组成,金红石 TiO_2 为主晶相,另外含有少量晶态 SiO_2,如图 5-66A 所示。也可能含有少量 SiO_2 及磷化物(Ti、Al、P)的非晶相,但 XRD 衍射未检测到。表面经研磨处理除掉 10 μm 的疏松层,显露出致密的内层。XRD 分析表明金红石 TiO_2 的峰强度略有下降,而锐钛矿 TiO_2 的峰强度略有上升,但仍以金红石型结构为主;涂层内层中晶态 SiO_2 的含量明显减少。

　　图 5-68 为 Ti6Al4V 微弧氧化涂层于不同微动条件下摩擦系数与循环周

次的关系曲线。在干摩擦微动条件下,摩擦系数快速增大到 0.8～0.9,并在 2 500 周次前保持相对稳定。此后随摩擦周次的增多,摩擦系数再次增大,并在 3 000 周次左右超过 1.0。随后,摩擦系数又在 7 000 周次左右出现较大的波动,如图 5-68A 所示。在相同的载荷油润滑条件下,摩擦系数比干摩擦时低得多(图 5-68B,C)。不管怎样,不同的油润滑方式即涂抹润滑与油池浸入润滑对涂层的长期摩擦系数有较大的影响。涂抹润滑条件下摩擦系数的变化示于图 5-68B,在 2 500 周次前摩擦系数从初始的 0.14 增大到 0.18,2 500 周次以后,摩擦系数较快增大到 0.34,并且在 0.34～0.43 波动。达到 6 700 循环以后,摩擦系数又降低到 0.15,此后摩擦系数有轻微提高。而对于油池浸入润滑条件,在长期的微动摩擦过程中摩擦系数保持最低而且稳定,大约在 0.1,如图 5-68C 所示。

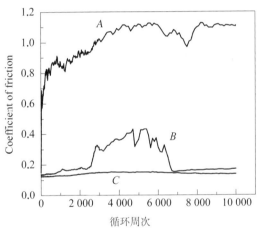

图 5-68 微弧氧化涂层于不同微动条件下摩擦系数-循环周次的关系曲线

图 5-69 显示出了不同微动条件下微弧氧化涂层与钢球对磨后磨损表面放大后的详细形貌。可见,在干摩擦微动条件下,材料挤压变形引起了扩展裂纹(图 5-69A)。同时在磨损表面上也发现沿微动方向的许多犁沟,它们是硬质的陶瓷粒子在磨损后露出的钛合金基底上产生犁削,使软基底发生塑性变形而产生的。这表明在干摩擦条件下,涂层发生严重磨损并且已被磨穿(图 5-69A),这也是涂层具有高摩擦系数的原因。对于涂抹润滑条件,磨损表面相对光滑,并且在磨痕边缘堆积为数不多的磨损粒子是其主要的特征(图 5-69C)。而对于油池润滑,磨损表面非常光滑(图 5-69E),这是维持低且稳定摩擦系数的原因。不管怎样,在磨痕的边缘发现有许多显微剥层区域(图 5-69F 中的

箭头所示)。

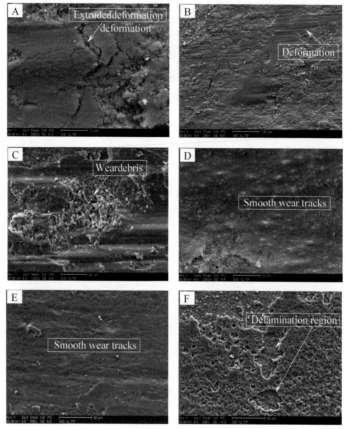

图 5-69　微弧氧化涂层在不同微动条件下与钢球对磨后磨损形貌 SEM 照片

5.4　微弧氧化的生物涂层应用

5.4.1　镁及其合金微弧氧化的生物降解涂层应用

骨和关节系统是人体主要承受负荷的组织,其磨损后的修复和替换材料应有较高的力学强度,镁合金作为硬组织植入材料,其力学性能较好地满足了作为骨科植入材料的要求,镁与镁合金的密度约为 1.7 g/cm³,与人骨密度

$(1.75 g/cm^3)$接近,尤其是其较低的弹性模量(约 42 GPa)与医用不锈钢 $(189 \sim 205 GPa)$和钛合金$(105 \sim 117 GPa)$相比,与人骨更为接近$(2 \sim 20 GPa)$,可减少"应力遮挡"效应,避免造成骨质疏松而需二次手术取出;此外镁合金降解产物生物相容,不会对人体产生明显的副作用,且微量释放的镁离子对组织生长有益,已引起众多研究学者的广泛关注,他们开展了镁制骨固定材料及多孔骨修复材料等生物相容性与临床应用的研究工作。

镁在工程应用中的主要缺点是低耐腐蚀性,尤其是在潮湿的电解环境中。但这个缺点却成了其作为生物材料应用的优势:镁在体内可以降解成可溶的无毒氧化物并无害地从肠组织中排泄出去;而且,由于正常骨组织中即存在功能镁离子,镁可能刺激新生骨组织的生长。因此,镁被设想做成一种轻金属的、可降解的、可承重的骨科内植物,在体内保持机械完整性 12～18 周,骨组织正常愈合后被正常组织所替代。但纯镁在正常生理环境(生理高氯环境,pH 7.4～7.6)中被腐蚀得太快,在骨组织充分愈合之前就已经失去其机械完整性,且在其降解过程中会产生氢气,产生的速率超越宿主组织的处理能力。尽管以镁作为内植物早期取得了一些成功,但其在体内腐蚀过程中会产生气体,镁可能被不锈钢所替代。采取添加合金元素和保护涂层可能是一些比较合适的控制其降解速度的措施,采取这些措施可能就会使镁成为一种无毒的生物相容性好的材料。

当前,围绕镁合金表面改性涂层的制备技术开发及其性能表征,国内外研究学者已开展了较多的研究,相继涌现出微弧氧化、阳极氧化、化学转化膜、冷喷涂等多种镁合金表面改性涂层工艺技术,其中,微弧氧化是目前镁合金表面改性技术中最常用的一种。通常,微弧氧化技术(MAO)是将镁合金做阳极,不锈钢做阴极,置于脉冲电场环境的电解液中,使制品表面产生微弧放电,从而生成一层与基体以冶金方式结合的氧化镁陶瓷层。因此,微弧氧化陶瓷层的生长增厚主要依赖于基体镁原子向氧化镁的转化,可有效缓解排放、污染等环境问题,而且陶瓷层与基体结合良好,同时受陶瓷层生长增厚机理影响,陶瓷膜层的生长相对比较均匀,且复杂表面处理易于进行。采用微弧氧化技术,通过选配合适的电解液体系将不会向镁合金表面改性涂层引入其他有害元素,避免造成与人体环境不相容,成为可降解镁及其合金表面改性的首选工艺。目前,众多学者开展了微弧氧化以及微弧氧化复合处理工艺研究来改善镁及其合金的降解速率与生物相容性,其中最为有效的应用体现在骨头固定材料及人体支架的表面改性应用。

镁及镁合金作为潜在骨折固定材料,相比其他金属医用材料具有诸多的优势。镁及镁合金有较高的比强度和比刚度,纯镁的比强度为133 GPa/(g/cm³),是所有结构金属中最高的。骨小梁、松骨皮质分别为 3～14.8 GPa 和 18.6～27 GPa,而镁的杨氏模量约为 45 GPa,比其他金属更接近人骨的弹性模量,受外力作用时应力分布将更均匀,能有效降低应力遮挡效应,这使得镁合金作为可降解的骨植入材料应用十分诱人。镁合金的密度在 1.75～1.85 g/cm³,比纯镁(1.74 g/cm³)稍高,与人骨密度(1.75 g/cm³)接近,远低于 Ti6A14V 的密度(4.47 g/cm³)。传统骨固定材料,虽然它们拥有较好的力学性能和生物相容性,但其弹性模量很大,对骨产生应力遮挡效应更强,持续影响最终会导致骨质疏松。有研究表明,长期植入(如钛合金)可能导致电化学腐蚀和磨损物的产生,因此可能导致炎症反应。而用镁合金作为骨固定材料,能够在骨折愈合的初期提供稳定的力学环境,逐渐而不是突然降低其应力遮挡作用,使骨折部位承受逐步增大乃至生理水平的应力刺激,从而加速愈合,防止局部骨质疏松和再骨折,符合理想接骨板的要求。通过对合金元素的合理选取,配合涂层性能的有效改善,使合金材料降解速度达到人为可控,生物力学强度更接近生理要求,这些一直是人们对医用合金材料的期望所在。作为骨固定材料,其降解速度与骨组织新生或者骨折愈合速度之间的匹配,是目前问题的关键。除此之外,镁合金生物力学强度、完善组织相容性的安全性分析评价系统等也有待进一步提高。

张广道将 AZ31B 镁合金骨板植入兔下颌骨,如图 5 - 70 所示。8 周后在骨板周围包裹有一层纤维结缔组织,未见炎性渗出物,分离该层组织,可见骨板边缘处被新生骨组织填充。顾雪楠将 Mg - 1Ca 合金制备的骨钉植入成年新西兰大白兔股骨内,如图 5 - 71 所示。术后 1、2 和 3 个月在镁合金骨钉周围观察到高的成骨细胞活性,术后 3 个月可明显观察到新骨组织的形成。

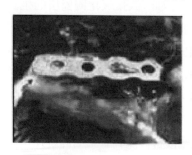
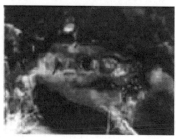

图 5 - 70　AZ31B 镁合金骨板植入兔下颌骨的研究

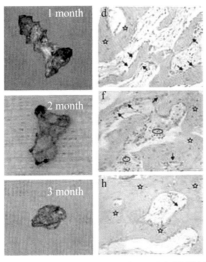

图 5 - 71　Mg - 1Ca 骨钉植入新西兰兔股骨的研究

　　我国东莞宜安科技股份有限公司目前联合多家科研机构,包括北京大学、清华大学、上海交通大学、中科院金属所、西北有色院等,开展了镁制固定材料的研究开发,按照市场预估推算,目前中国每年大概有 300 万人次做骨折手术,按照最保守的推算,医用镁合金技术成熟之后,哪怕仅仅将镁合金做成骨钉这一种产品,在国内也能有 120 亿元的市场。这项技术在理论层面已经很成熟,缺的就是临床和产品。相关研究单位已经在鸵鸟、兔子和狗等动物上进行了实验,按计划将进行人体临床试验,随后开展工厂建设。而在推进该技术的市场化进程中,合理选取镁合金基材以及进行适当的表面处理来调控镁合金的降解速率是关键。目前,已确定微弧氧化技术为镁植入材料表面改性技术的首选。

　　尽管已经有很多报道使大家产生了对镁及其合金作为可能的骨传导的、可降解的承重骨科内植物的兴趣,我们还是需要做更多的工作来正确评估它的潜力所在。首先,对于镁相关材料在生理环境下的降解速率的调控必须完成,高纯度镁和表面处理技术都是不错的选择。镁材料的无毒性和更好的耐蚀性处理也需要彻底评估。镁材料作为一种具有骨传导性的金属需要体外骨细胞实验的证实;成骨细胞表型分化、矿化基质的增殖和形成以及体内骨沉积和组织生长的研究都是不可或缺的。对于多微孔镁材料内植物来说,其与骨组织的整合、效果以及发展方向均是需要进一步努力研究的课题。

5.4.2　钛及其合金微弧氧化的生物降解涂层应用

　　骨和关节系统是人体主要承受负荷的组织,其磨损后的修复和替换材料应具备较高的力学强度,医用钛合金作为硬组织植入材料,因其具有良好生物相容性、强耐腐蚀性及优异的综合力学性能而受到医疗器械领域的广泛关注。近二十年来人工关节、骨钉、骨板、牙种植体等医疗器械产品,主要采用材料均为钛及其合金材料。当前制约钛合金进一步临床应用的原因众多,关键难题集中于医用钛及其合金植入体本身的骨再生能力较差,与周围组织结合性不佳;钛基材料表面无抗菌性能,存在术后感染的风险;植入体在体内摩擦所产生的磨屑会导致炎症,从而使植入体失效等。因此,为了改变钛及其合金的生物惰性,利于钛与骨组织的结合,增强其抗磨损性能,开展相关的表面生物活性涂层技术开发及所制备涂层的生物性能表征将成为钛合金在生物植入材料领域应用的关键。

　　微弧氧化(micro-arc oxidation,MAO)是近些年发展起来的表面改性技术,通过微弧氧化处理可以直接在基体表面原位生长一层致密陶瓷氧化膜层,该陶瓷膜层能够与基体牢固结合,具有良好的耐磨性和耐腐蚀性。通过调整微弧氧化电解液成分和控制工艺参数,可以使电解液中的钙、磷离子通过反应直接进入 TiO_2 膜层中参与成膜,可极大提高材料的生物活性,同时陶瓷膜层的多孔结构使材料表面的比表面积增加,从而增加对相关蛋白的吸附;多孔结构还可以诱导骨组织向孔内生长,提高植入体与新骨之间的结合,利于种植体早期骨整合的发生。还可以考虑通过调整电解液成分,掺入锶、硅、铜、锌、镧等功能元素,实现对 TiO_2 膜层结构和成分的功能设计和复合改性。目前,微弧氧化技术应用到钛骨钉、钛骨板、牙种植体等医疗器械产品,如图 5-72。

图 5-72　钛制骨钉与骨夹板

1. Si,Cu-TiO$_2$抗菌生物膜层的开发与表征

硅(silicon,Si)是人体内天然存在的一种微量元素,硅掺杂 HA 是一种有效提高钛表面涂层生物活性的策略。无机抗菌剂铜(copper,Cu)是人体的必需微量元素,对于结缔组织和骨骼的生长具有重要作用。Cu 能促进血管内皮细胞生长,有利于新生血管形成;Cu 还能够影响胶原蛋白成熟,从而影响骨骼的组成和结构。当然,Cu 最引人关注的是其抗菌性能,研究发现 Cu 对细菌、真菌和藻类均有类似于银的良好的抗菌效果。同时与无机抗菌剂银相比,铜不仅有相似的抗菌作用,而且具有较高的化学稳定性和环境安全性,价格也比银低廉很多,从这个角度考虑,铜可能比银更合适作为无机抗菌剂应用于人体内,因此载铜无机抗菌材料具有潜在的优势。

SEM 观察表面形貌,两种试样无明显差异,表面形貌均为多孔结构,微孔呈凹凸不平的火山口状,在涂层表面均匀分布(图 5 - 73)。EDS 能谱分析 Si-TiO$_2$膜层中含有 Ca、P、Ti、O 和 Si 元素,而 Si,Cu-TiO$_2$膜层中除了含有上述元素外,还检测到了 Cu 元素,证实 Cu 离子被成功掺杂进入膜层中。掺杂膜层中 Cu 的含量为 1.39 wt%,这与文献报道的含量区间一致。

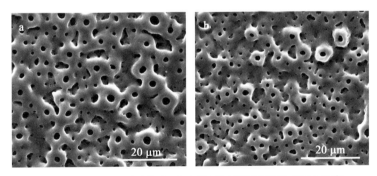

图 5 - 73　Si-TiO$_2$(a)和 Si,Cu-TiO$_2$(b)表面形貌的 SEM 观察

成骨细胞在材料表面培养 3 天的 SEM 观察如图 5 - 74 所示,经过 3 天的培养,各组试样都可见细胞都紧密黏附于材料表面。其中 Si-TiO$_2$和 Si,Cu-TiO$_2$表面的细胞不仅伸展良好,而且增殖旺盛,细胞伸出大量板状、丝状伪足及细胞突起,有许多伪足伸入表面孔隙内,形成一种锚状结构,紧密黏附于试样表面,细胞之间也通过突起紧密联系,细胞表面还可见细胞外基质分泌物。

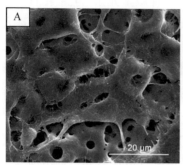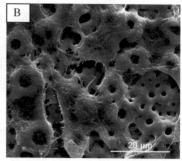

图 5 – 74　成骨细胞在材料表面培养 3 天的 SEM 观察

(A) Si-TiO₂；(B) Si,Cu-TiO₂。

2. 羟基磷灰石生物活性陶瓷层的开发与表征

羟基磷灰石(hydroxyapatite,HA)是一种生物活性陶瓷,其组成与牙齿、人体骨骼等硬组织的无机成分及晶体微观结构相似,植入体内后,可与天然骨形成牢固的有机结合,具有良好的生物相容性和生物活性,因而在骨修复和金属植入体涂层领域应用广泛。但人工合成 HA 的综合性能,如机械强度、溶解性等仍不如天然骨组织,生物活性也有待提高。

钛合金微弧氧化陶瓷层跟基体结合强度高达 56.9 MPa,远高于等离子喷涂法。此外,微弧氧化制备的陶瓷层具有内层致密、外层粗糙多孔的特点,并且通过电解液的调整可以使陶瓷层富含人体硬组织的基本成分——钙、磷元素,从而有望解决医用钛及其合金所存在的问题。具有生物活性的粗糙层(富含 Ca、P 元素)有利于骨细胞在其上攀附生长,可以缩短种植体在体内初始固位周期;致密层避免钛基体与人体液接触,防止钛的磨损与脱落,从而提高种植体的使用寿命。目前,该技术已引起国内外医用材料界的极大兴趣,具有良好的应用前景。

目前国内有关钛合金表面微弧氧化生物活化的研究主要集中在陶瓷层组织形貌及相组成等膜层组织结构方面,对钙/磷原子比在不同电压下比值不同的现象虽有所发现,但并没有系统地研究,包括电流、占空比和频率等在内的电参数对膜层钙、磷含量及其比值的影响,如图 5 – 75。开展此方面的工作有助于推进微弧氧化技术在医用钛领域的应用。

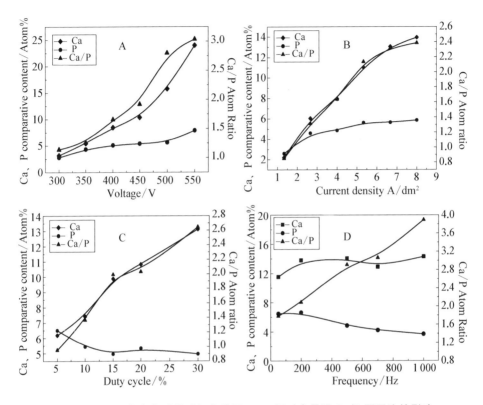

图 5 - 75　不同电参数对微弧氧化膜层 Ca、P 相对含量及 Ca/P 原子比的影响。
（A）电压；（B）电流密度；（C）占空比；（D）频率。

　　在微弧氧化过程中，电压是主要的电源控制参数，也是影响膜层组织与成分的主要因素之一。图 5 - 75A 为上述电参数条件下所得到的电压与微弧氧化膜层 Ca、P 相对含量及其比值的关系曲线。由于 DN - 5400 能谱仪只能分析原子序数＞11 的元素，因此设定 Ti、Al、V、Ca、P 为膜层的全部元素，文中所谓的 Ca、P 相对含量都是指 Ca、P 相对于这五种元素的原子百分含量比。由图可知，随着电压的升高，膜层中 Ca、P 原子相对含量都呈线性增加，各自从 300 V 所对应的 3.18％和 2.79％上升到 550 V 时所对应的 23.98％和 7.9％，同时发现 Ca 相对含量的增长速度明显快于 P 元素，导致 Ca/P 原子比也随着电压的升高而升高，从 300 V 时的 1.139 8 上升到 550 V 所对应的 3.035 4。

为了研究电流密度对微弧氧化膜层钙、磷成分的影响,于乙酸钙溶液体系中,在频率 450 Hz,占空比 10%,氧化时间 10 min 条件下,分别选取电流值为 0.2 A、0.4 A、0.6 A、0.8 A、1.0 A 和 1.2 A 进行微弧氧化实验,由于采取的是 30 mm×25 mm×1 mm 标准试样,因此对应的电流密度分别为 1.333 A/dm²、2.667 A/dm²、4.000 A/dm²、5.333 A/dm²、6.667 A/dm² 和 8.000 A/dm²。图 5-75B 为上述电参数条件下所得的电流密度与微弧氧化膜层 Ca、P 相对含量及其比值的关系曲线。从图中可以看出,随着电流密度的增大,Ca、P 相对含量及其比值也呈上升趋势,分别从电流密度 1.333 A/dm² 时所对应的 2.2%、2.59% 和 0.849 上升到电流密度 8.000 A/dm² 时所对应的 13.95%、5.58% 和 2.385。可见电流密度对 Ca、P 相对含量及其比值的影响曲线与图 5-75A 中电压对 Ca、P 相对含量及其比值的曲线类似。这是因为电流密度的增加必然提升作用在试样表面的电压,所以出现电流密度对膜层中 Ca、P 相对含量及其比值的影响与电压对它们的影响相似的结果。

为了研究占空比对微弧氧化膜层钙、磷成分的影响,同样于乙酸钙溶液体系中,在电压、频率、氧化时间分别为 450 V、500 Hz、10 min 条件下,选取占空比为 5%、10%、15%、20% 和 30% 进行微弧氧化实验。占空比是指在一个脉冲电流周期内电流导通的时间与脉冲周期的比值,即 $\Phi = \Delta t / T$(Φ 为占空比,T 为一个脉冲周期,Δt 为一个脉冲周期中电源导通时间)。图 5-75C 为上述电参数条件下所得的占空比与微弧氧化膜层 Ca、P 相对含量及其比值的关系曲线。由图可知,随着占空比增加,即电流导通时间的延长,P 相对含量先是有所减少但很快趋于平缓,从占空比 5% 时的 6.51% 到占空比 30% 时的 4.96%,其间 P 的相对含量变化不大;Ca 相对含量则呈线性上升趋势,从占空比 5% 所对应的 6.19% 升到占空比 30% 时的 13.12%,导致 Ca/P 原子比也随占空比的增加而变大,由 0.951 增大到 2.645。

为了研究脉冲频率对微弧氧化膜层钙磷成分的影响,同样于乙酸钙溶液体系中,在电压、占空比、氧化时间分别为 500 V、15%、10 min 条件下,选取脉冲频率 50 Hz、200 Hz、500 Hz、700 Hz 和 1 000 Hz 进行微弧氧化实验。频率的物理意义是单位时间内脉冲的震荡次数,它与占空比两个参数来控制微弧氧化过程中单脉冲能量的变化,因此它是控制膜层粗糙度关键因素之一。一般来讲,在保持其他参数条件不变的情况下,频率越高则膜层相对越光滑。图 5-75D 为上述电参数条件下所得的频率与微弧氧化膜层 Ca、P 相对含量及其比值的关系曲线。虽然在频率 700 Hz 的时候 Ca 相对含量出现稍微下降的回荡,但总体上随着频率的升高,Ca 相对含量呈升高趋势,P 相对含量则呈缓慢下降趋势,从而导致 Ca/P 原子比也随频率的增大而呈线性增长。在频率 1 000 Hz 的时候,Ca、P 相对含量及其比值分别达到各自在曲线中的极值,分别为 14.29％、3.67％和 3.8937。

　　图 5-76 为三种不同钙磷比试样在 SBF 溶液浸泡试验前后表面形貌的 SEM 照片。从图可以看出,微弧氧化表面有大小不一、类火山口的微孔,孔无规律地分布在凸起状陶瓷颗粒的中间位置或边缘,互不连通,形成微孔镶嵌的网络状结构;钙磷比越高的氧化膜,微孔的数目相对减少,但孔径变大,陶瓷颗粒也粗大,甚至相互合并为一个大的陶瓷连接骨架,表面更加粗糙,如图 5-76A,B,C 所示。经模拟体液浸泡 1 周后,低钙磷比(Ca/P=0.846)和高钙磷比(Ca/P=2.320)表面已经沉积出不规则颗粒状的磷灰石,但量较少,零星散落在表面,大部分基底仍清晰可见;中钙磷比(Ca/P=1.348)表面则无颗粒状沉积物的出现,与浸泡前表面相比,未见其有何明显变化,如图 5-76 A1,B1,C1 所示。浸泡 2 周后,表面发生明显的变化(图 5-76A2,B2,C2)。低钙磷比表面磷灰石数量明显增多并聚集起来,但仍没有完全覆盖表面,仍留少许可见基底材料的地方;形成的磷灰石呈疏松、团絮状结构排列,使得表面显得较粗糙。高钙磷比表面的磷灰石数量也有所增加,但少于低钙磷比表面,且形成的磷灰石呈疏松颗粒状的结构排列。中钙磷比表面也出现颗粒状磷灰石的沉积,但数量极其少。浸泡 3 周后,除了中钙磷比表面无变化,仍保持极其少量颗粒状磷灰石外,低、高钙磷比表面又都发生显著的变化,如图 5-76A3,B3,C3 所示。从图可以看出,浸泡三周后,低钙磷比表面出现沉积物上下两层重叠的现象,上层多为球形颗粒状的磷灰石,且不少已团聚成大块状,它们应该是在底层表面二次沉积出来的。底层为最初沉积层,同样是由球形颗粒组成,但相对二次沉积的球形颗粒,这些颗粒在表面铺成较为完整的一层;该层覆盖较厚,完全看不见基底材料,出现的裂纹可能是干燥试样时造成的。相对低钙磷比表面,高钙磷比表面同样有两层沉积层,但底层的覆盖厚度较薄,仍可见基底材料表面的孔洞形状;形成的两层沉积物也较低钙磷比表面的沉积物显得疏松和粗糙。

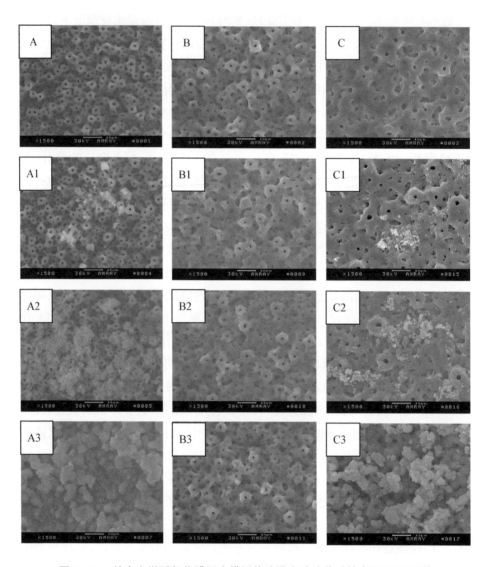

图 5-76 钛合金微弧氧化膜层在模拟体液浸泡试验前后的表面 SEM 照片

(1) Ca/P=0.846 原始样(A)及其浸泡 1 周、2 周和 3 周后的试样(A1,A2,A3)
(2) Ca/P=1.348 原始样(B)及其浸泡 1 周、2 周和 3 周后的试样(B1,B2,B3)
(3) Ca/P=2.320 原始样(C)及其浸泡 1 周、2 周和 3 周后的试样(C1,C2,C3)

图 5-77 为成骨细胞 MC-3T3 在微弧氧化膜层的表面培养 48 h 后的形貌照片,制备该微弧氧化膜层的电参数条件为:500 V(电压),400 Hz(频率),30%(占空比),12 min(氧化时间)。图 5-77(a)表明,经过 48 h 培养后,细胞

已经在微弧氧化膜层表面附着并开始向四周延伸生长,多个细胞相互连接,呈片状在膜层表面攀附,这表明微弧氧化膜层具有很好的生物相容性,没有异常因子影响细胞在其上面正常地附着和增殖。图 5‑77(b)的 1 000× 照片显示,单个细胞扁平且呈多角形或梭形,已开始伸展伪足及触角;2 000× 高倍下显示,细胞的伪足呈非透明胶状,在膜层表面延伸较远,并紧紧攀附在膜层表面,如图 5‑77(c)所示。细胞伪足及触角的出现,表明膜层有较好的生物活性,刺激细胞的快速生长。

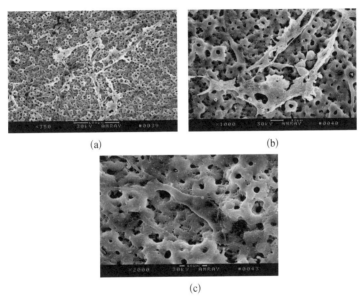

图 5‑77　微弧氧化膜层表面培养的成骨细胞 SEM 照片

参考文献

[1] 米天健.微弧氧化系统下等离子体的形成机制与膜层自组织生长动力学[D].西安:西安理工大学,2016.

[2] 李尧.能量输出模式对铝合金微弧氧化陶瓷层生长过程及性能的影响[D].西安:西安理工大学,2011.

[3] 张勇,陈跃良,李岩,丁文勇.基于局部电场控制微弧氧化设备的研制与应用[J].装备环境工程,2011(8):92‑95.

[4] 杨飞.镁合金微弧电泳复合膜层的结合力与耐蚀性研究[D].西安:西安理工大

学,2008.

[5] 葛延峰.镁合金微弧氧化-SiO_2溶胶复合处理膜层的制备及耐蚀性研究[D].西安:西安理工大学,2010.

[6] 杨巍,汪爱英,柯培玲,蒋百灵.镁基表面微弧氧化/类金刚石膜的性能表征[J].金属学报,2011(47):1535-1540.

[7] 张广道.AZ31B生物可降解镁合金植入兔下颌骨生物学行为的实验研究[D].沈阳:中国医科大学,2009.

[8] 邓振南.纳米化钛表面 $Si,Cu-TiO_2$ 抗菌型生物活性膜层的制备及效果评价[D].成都:四川大学,2015.